Encyclopedia of Weapons

武器大百科系列

战机大百科

军情视点 编

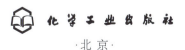

化学工业出版社

·北京·

内容提要

本书精心选取了世界各国研制的300余种作战飞机，涵盖了战斗机、轰炸机、攻击机、直升机、无人机等不同种类。每种作战飞机均以简洁精练的文字介绍了包含研制历史、武器构造及作战性能等方面的知识。为了增强阅读趣味性，并加深读者对作战飞机的认识，书中不仅配有详细的数据表格，还增加了"小知识"，使读者对作战飞机有更全面且细致的了解。

本书不仅是广大青少年朋友学习军事知识的不二选择，也是军事爱好者收藏的绝佳对象。

图书在版编目(CIP)数据

战机大百科 / 军情视点编. —北京：化学工业出版社，2020.7（2025.1重印）
（武器大百科系列）
ISBN 978-7-122-36908-6

Ⅰ. ①战… Ⅱ. ①军… Ⅲ. ①军用飞机-世界-青少年读物 Ⅳ. ①E926.1-49

中国版本图书馆CIP数据核字（2020）第081545号

责任编辑：徐　娟	文字编辑：冯国庆	装帧设计：中海盛嘉
责任校对：宋　夏		封面设计：刘丽华

出版发行：化学工业出版社(北京市东城区青年湖南街13号　邮政编码100011)
印　　装：中煤（北京）印务有限公司
710mm×1000mm　1/12　　印张17　　字数 328千字　　2025年1月北京第1版第5次印刷

购书咨询：010-64518888　　　　　　　售后服务：010-64518899
网　　址：http://www.cip.com.cn
凡购买本书，如有缺损质量问题，本社销售中心负责调换。

定　　价：88.00元　　　　　　　　　　　　　　　　　　　　版权所有　违者必究

前 言

在20世纪初美国莱特兄弟发明飞机以后,欧洲便出现了一股"飞机热",很快就使飞机的各项性能得到大幅度提高,达到了实用水平。随着飞机性能的不断提高和其适用的范围迅速拓展,有人便自然地将它与战争联系到一起。最初的军用飞机主要负责侦察、运输、校正火炮等辅助任务,对战争进程的影响并不大。

在执行侦察和运输等任务时,交战双方的飞机难免相遇,当时的飞行员不得不用随身携带的步兵武器进行互射。为此,各国纷纷在飞机上加装杀伤力较强的机枪,这就出现了主要用于空中格斗的飞机——战斗机,不久又出现了主要用于打击地面目标的轰炸机。

第一次世界大战结束后,各国对飞机的作用有了更加深刻的认识,不断对飞机进行改进,随着冶金和机器制造技术的进步,飞机的性能不断提高。第二次世界大战初期,有的战斗机时速达到了500千米左右。大战中、后期,有的战斗机时速已能达到大约750千米。大战后期,德国和英国制造的喷气式战斗机开始用于作战。

第二次世界大战后,随着科学技术的进步,军用飞机的作战技术性能不断取得突破性进展,武器作战效能越来越高,活动范围也越来越广,飞机种类也越来越多。时至今日,种类丰富、性能先进的作战飞机已经构成了一个完整的空军装备体系。

本书精心选取了世界各国研制的300余种作战飞机,涵盖了战斗机、轰炸机、攻击机、直升机、无人机等不同种类。每种作战飞机均以简洁精练的文字介绍了研制历史、武器构造及作战性能等方面的知识。为了增强阅读趣味性,并加深读者对作战飞机的认识,书中不仅配有详细的数据表格,还增加了"小知识"栏目,使读者对作战飞机有更全面且细致的了解。

作为传播军事知识的科普读物,最重要的就是内容的准确性。本书的相关数据资料均来源于国外知名军事媒体和军工企业官方网站等权威途径,坚决杜绝抄袭拼凑和粗制滥造。在确保准确性的同时,我们还着力增加趣味性和观赏性,尽量做到将复杂的理论知识用简明的语言加以说明,并添加了大量精美的图片。因此,本书不仅是广大青少年朋友学习军事知识的不二选择,也是军事爱好者收藏的绝佳对象。

参加本书编写的有丁念阳、黄萍、黄成等。

由于编者水平有限,加之军事资料来源的局限性,书中难免存在疏漏之处,敬请广大读者批评指正。

编者

2020年3月

目录
Contents

第 1 章 战机百科 ·········· 1
战机的由来 ·········· 2
战机的定义 ·········· 4
战机的分类 ·········· 4

第 2 章 战斗机 ·········· 7
美国 P-1 "鹰"式战斗机 ·········· 8
美国 P-12 战斗机 ·········· 9
美国 P-26 "玩具枪"战斗机 ·········· 9
美国 P-35 战斗机 ·········· 9
美国 P-36 战斗机 ·········· 10
美国 P-38 "闪电"战斗机 ·········· 10
美国 P-39 "空中眼镜蛇"战斗机 ·········· 11
美国 P-40 "战鹰"战斗机 ·········· 11
美国 P-43 "枪骑兵"战斗机 ·········· 11
美国 P-47 "雷霆"战斗机 ·········· 12
美国 P-51 "野马"战斗机 ·········· 12
美国 P-59 "空中彗星"战斗机 ·········· 12
美国 P-61 "黑寡妇"战斗机 ·········· 13
美国 P-63 "眼镜王蛇"战斗机 ·········· 14
美国 P-66 "先锋"战斗机 ·········· 14
美国 P-75 "鹰"式战斗机 ·········· 14
美国 F-80 "流星"战斗机 ·········· 15
美国 F-82 "双野马"战斗机 ·········· 15
美国 F-84 "雷电喷气"战斗机 ·········· 16
美国 XF-85 "小鬼"战斗机 ·········· 16
美国 F-86 "佩刀"战斗机 ·········· 17

美国 XF-88 "巫毒"战斗机 ·········· 17
美国 F-94 "星火"战斗机 ·········· 18
美国 F-100 "超佩刀"战斗机 ·········· 19
美国 F-101 "巫毒"战斗机 ·········· 19
美国 F-102 "三角剑"战斗机 ·········· 20
美国 XF-103 战斗机 ·········· 20
美国 F-104 "星"式战斗机 ·········· 20
美国 F-106 "三角标枪"战斗机 ·········· 21
美国 XF-108 "轻剑"截击机 ·········· 21
美国 F-3 "魔鬼"战斗机 ·········· 21
美国 F-4 "鬼怪"Ⅱ战斗机 ·········· 22
美国 F4U "海盗"战斗机 ·········· 23
美国 F-5 "自由斗士"战斗机 ·········· 23
美国 F-6 "天光"战斗机 ·········· 23
美国 F2Y "海标"喷气水上战斗机 ·········· 24
美国 F-8 "十字军"战斗机 ·········· 24
美国 F-9 "黑豹"战斗机 ·········· 24
美国 F-10 "空中骑士"战斗机 ·········· 25
美国 FJ-1 "狂怒"战斗机 ·········· 25
美国 YF-12 战斗机 ·········· 25
美国 F-14 "雄猫"战斗机 ·········· 26
美国 F-15 "鹰"式战斗机 ·········· 27
美国 F-16 "战隼"战斗机 ·········· 28
美国 YF-17 "眼镜蛇"战斗机 ·········· 29
美国 F-20 "虎鲨"战斗机 ·········· 30
美国 F-22 "猛禽"战斗机 ·········· 31
美国 YF-23 战斗机 ·········· 32
美国 F-35 "闪电"Ⅱ战斗机 ·········· 33
英国布里斯托尔 F.2 战斗机 ·········· 34
英国 F.4 "秃鹰"战斗机 ·········· 34
英国 S.E.5 战斗机 ·········· 34

目录

英国"宝贝"战斗机 … 35	苏联拉-11 战斗机 … 52
英国"幼犬"战斗机 … 35	苏联雅克-1 战斗机 … 52
英国"骆驼"战斗机 … 35	苏联雅克-3 战斗机 … 53
英国"飓风"战斗机 … 36	苏联雅克-7 战斗机 … 54
英国"喷火"战斗机 … 36	苏联雅克-9 战斗机 … 54
英国"流星"战斗机 … 37	苏联雅克-15 战斗机 … 54
英国"暴风"战斗机 … 38	苏联雅克-38 战斗机 … 55
英国"吸血鬼"战斗机 … 39	苏联米格-3 战斗机 … 55
英国"毒液"战斗机 … 40	苏联米格-9 战斗机 … 56
英国"猎人"战斗机 … 40	苏联米格-15 战斗机 … 56
英国"标枪"战斗机 … 40	苏联米格-17 战斗机 … 57
英国"弯刀"战斗机 … 41	苏联米格-19 战斗机 … 57
英国"蚊蚋"战斗机 … 42	苏联/俄罗斯米格-21 战斗机 … 58
英国"闪电"战斗机 … 42	苏联/俄罗斯米格-23 战斗机 … 58
法国莫拉纳·索尼埃 L 战斗机 … 43	苏联/俄罗斯米格-25 战斗机 … 59
法国莫拉纳·索尼埃 AI 战斗机 … 43	苏联/俄罗斯米格-29 战斗机 … 59
法国纽波特 10 战斗机 … 43	苏联/俄罗斯米格-31 战斗机 … 60
法国纽波特 11 战斗机 … 44	俄罗斯米格-35 战斗机 … 60
法国纽波特 17 战斗机 … 44	苏联苏-9 战斗机 … 61
法国纽波特 28 战斗机 … 44	苏联/俄罗斯苏-15 战斗机 … 61
法国"暴风雨"战斗机 … 45	苏联/俄罗斯苏-27 战斗机 … 62
法国"神秘"战斗机 … 46	苏联/俄罗斯苏-30 战斗机 … 62
法国"超神秘"战斗机 … 46	苏联/俄罗斯苏-33 战斗机 … 63
法国"幻影"Ⅲ 战斗机 … 47	苏联/俄罗斯苏-35 战斗机 … 63
法国"幻影"F1 战斗机 … 47	俄罗斯苏-47 战斗机 … 64
法国"幻影"2000 战斗机 … 48	俄罗斯苏-57 战斗机 … 65
法国"幻影"4000 战斗机 … 48	德国信天翁 D.Ⅲ 战斗机 … 66
法国"阵风"战斗机 … 49	德国信天翁 D.Ⅴ 战斗机 … 66
苏联伊-15 战斗机 … 50	德国福克 E 型战斗机 … 66
苏联伊-16 战斗机 … 50	德国福克 D.Ⅶ 战斗机 … 67
苏联拉-3 战斗机 … 50	德国福克 Dr.I 战斗机 … 67
苏联拉-5 战斗机 … 51	德国普法茨 D.Ⅻ 战斗机 … 67
苏联拉-7 战斗机 … 51	德国 Bf-109 战斗机 … 68
苏联拉-9 战斗机 … 52	德国 Bf-110 战斗机 … 68

德国 Fw 190 战斗机 … 69
德国 Me-262 战斗机 … 69
德国 He 219 战斗机 … 70
德国 He 162 战斗机 … 70
德国 Ta 152 战斗机 … 71
意大利 G.91 战斗机 … 71
瑞典 SAAB-29 "圆桶"战斗机 … 72
瑞典 SAAB-35 "龙"战斗机 … 72
瑞典 JAS 39 "鹰狮"战斗机 … 73
欧洲 "狂风"战斗机 … 73
欧洲 "台风"战斗机 … 74
加拿大 CF-100 "卡努克"战斗机 … 75
以色列 "幼狮"战斗机 … 76
以色列 "狮"式战斗机 … 76
南非 "猎豹"战斗机 … 77
日本 Ki-43 "隼"式战斗机 … 77
日本 Ki-44 "钟馗"战斗机 … 78
日本 Ki-61 "飞燕"战斗机 … 78
日本 Ki-84 "疾风"战斗机 … 79
日本 F-1 战斗机 … 80
日本 F-2 战斗机 … 81
印度 HF-24 "风神"战斗机 … 82
印度 "无敌"战斗机 … 83
印度 "光辉"战斗机 … 83
埃及 HA-300 战斗机 … 84
伊朗 "闪电"80 战斗机 … 84

第 3 章　轰炸机 … **85**

美国 SBD "无畏"轰炸机 … 86
美国 SB2C "地狱俯冲者"轰炸机 … 86
美国 TBF "复仇者"轰炸机 … 86
美国 B-17 "空中堡垒"轰炸机 … 87
美国 B-24 "解放者"轰炸机 … 87
美国 B-25 "米切尔"轰炸机 … 88
美国 B-26 "劫掠者"轰炸机 … 89
美国 B-29 "超级堡垒"轰炸机 … 90
美国 B-36 "和平缔造者"轰炸机 … 90
美国 B-45 "龙卷风"轰炸机 … 91
美国 B-47 "同温层喷气"轰炸机 … 92
美国 B-52 "同温层堡垒"轰炸机 … 93
美国 B-57 "堪培拉"轰炸机 … 93
美国 B-58 "盗贼"轰炸机 … 94
美国 B-66 "毁灭者"轰炸机 … 95
美国 XB-70 轰炸机 … 96
美国 B-1 "枪骑兵"轰炸机 … 96
美国 B-2 "幽灵"轰炸机 … 97
美国 P-47 "雷电"战斗轰炸机 … 98
美国 F-105 "雷公"战斗轰炸机 … 99
美国 F-111 "土豚"战斗轰炸机 … 100
美国 F-15E "攻击鹰"战斗轰炸机 … 100
英国 "蚊"式轰炸机 … 101
英国 "兰开斯特"轰炸机 … 101
英国 "海怒"战斗轰炸机 … 102
英国 "堪培拉"轰炸机 … 102
英国 "勇士"轰炸机 … 103
英国 "火神"轰炸机 … 104
英国 "胜利者"轰炸机 … 105
英国 "剑鱼"轰炸机 … 106
英国 "哈利法克斯"轰炸机 … 107
英国 "斯特林"轰炸机 … 107
法国布雷盖 14 轰炸机 … 108
法国 "幻影"Ⅳ轰炸机 … 108
法国 "幻影"Ⅴ战斗轰炸机 … 109
苏联 TB-3 轰炸机 … 110
苏联 Pe-8 轰炸机 … 110
苏联 M-50 轰炸机 … 110
苏联伊尔-4 轰炸机 … 111
苏联/俄罗斯伊尔-28 轰炸机 … 112

苏联雅克-4 轰炸机 ………………………… 113
苏联雅克-28 轰炸机 ………………………… 113
苏联图-2 轰炸机 …………………………… 113
苏联图-4 轰炸机 …………………………… 114
苏联图-14 轰炸机 ………………………… 114
苏联/俄罗斯图-16 轰炸机 ………………… 115
苏联/俄罗斯图-95 轰炸机 ………………… 116
苏联/俄罗斯图-22 轰炸机 ………………… 117
苏联/俄罗斯图-22M 轰炸机 ……………… 118
苏联/俄罗斯图-160 轰炸机 ……………… 119
苏联苏-7 战斗轰炸机 ……………………… 120
俄罗斯苏-34 战斗轰炸机 ………………… 121
西班牙 HA-1112 "鹈鹕" 战斗轰炸机 …… 122
德国 Do 217 轰炸机 ……………………… 122
德国 He 111 轰炸机 ……………………… 122
德国 He 118 轰炸机 ……………………… 123
德国 He 177 轰炸机 ……………………… 123
德国 Ju 87 轰炸机 ………………………… 123
德国 Ju 88 轰炸机 ………………………… 124

第 4 章 攻击机 ……………………… 125

美国 A-1 "天袭者" 攻击机 ……………… 126
美国 A-4 "天鹰" 攻击机 ………………… 127
美国 A-7 "海盗" Ⅱ 攻击机 ……………… 128
美国 A-10 "雷电" Ⅱ 攻击机 …………… 128
美国 A-20 "浩劫" 攻击机 ………………… 129
美国 A-37 "蜻蜓" 攻击机 ………………… 129
美国 AC-47 "幽灵" 攻击机 ……………… 130
美国 AC-119 攻击机 …………………… 130
美国 AC-130 攻击机 …………………… 131
美国 OV-10 "野马" 攻击机 ……………… 132
美国 F-117 "夜鹰" 攻击机 ……………… 133
美国 F/A-18 "大黄蜂" 战斗/攻击机 …… 134
英国 "掠夺者" 攻击机 …………………… 135

英国/法国 "美洲豹" 攻击机 ……………… 135
法国 "超军旗" 攻击机 …………………… 136
苏联拉-2 攻击机 ………………………… 137
苏联拉-10 攻击机 ………………………… 138
苏联苏-17 攻击机 ………………………… 138
苏联/俄罗斯苏-24 攻击机 ………………… 139
苏联/俄罗斯苏-25 攻击机 ………………… 140
德国赫伯斯塔特 CL.Ⅳ 攻击机 …………… 141
德国/法国 "阿尔法喷气" 教练/攻击机 …… 141
意大利 MB-326 教练/攻击机 …………… 141
意大利 MB-339 教练/攻击机 …………… 142
意大利/巴西 AMX 攻击机 ……………… 143
瑞典 SAAB 32 "矛" 式攻击机 …………… 144
瑞典 SAAB 37 "雷" 式攻击机 …………… 144
巴西 EMB-312 "巨嘴鸟" 教练/攻击机 … 144
阿根廷 IA-58 "普卡拉" 攻击机 ………… 145
南斯拉夫 G-2 "海鸥" 攻击机 …………… 146
罗马尼亚 IAR-93 "秃鹰" 攻击机 ………… 146
韩国 FA-50 攻击机 ……………………… 146

第 5 章 直升机 ……………………… 147

美国 UH-1 "伊洛魁" 直升机 …………… 148
美国 UH-1D "休伊" 直升机 …………… 149
美国 UH-1N "双休伊" 直升机 ………… 149
美国 UH-1Y "毒液" 直升机 …………… 149
美国 UH-60 "黑鹰" 通用/武装直升机 … 150
美国 UH-72 "勒科塔" 直升机 ………… 150
美国 S-97 "侵袭者" 武装直升机 ………… 151
美国 SH-2 "海妖" 直升机 ……………… 151
美国 SH-3 "海王" 直升机 ……………… 152
美国 SH-60 "海鹰" 舰载直升机 ………… 153
美国贝尔 204 直升机 …………………… 153
美国贝尔 206 直升机 …………………… 153
美国 H-19 "契卡索人" 直升机 ………… 154

美国 H-76 "鹰"直升机 …………………… 155	法国 SA 330 "美洲豹"直升机 …………… 175
美国 AH-1 "眼镜蛇"武装直升机 ………… 156	法国 AS 332 "超级美洲豹"直升机 ……… 176
美国 AH-1F "现代眼镜蛇"武装直升机 … 157	英国/法国 SA341/342 "小羚羊"武装直升机 … 177
美国 AH-1W "超级眼镜蛇"武装直升机 … 157	法国 AS 350 "松鼠"通用直升机 ………… 177
美国 AH-1Z "蝰蛇"武装直升机 ………… 157	法国 AS 355 "松鼠"Ⅱ通用直升机 ……… 178
美国 AH-6 "小鸟"武装直升机 …………… 158	法国 SA 360/361/365 "海豚"直升机 …… 178
美国 AH-56 "夏延"武装直升机 ………… 159	法国 AS 532 "美洲狮"直升机 …………… 179
美国 AH-64 "阿帕奇"武装直升机 ……… 159	德国 BO 105 通用直升机 ………………… 179
美国 MH-53J "铺路洼"直升机 ………… 160	韩国 KUH-1 "雄鹰"通用直升机 ………… 180
美国 RAH-66 "科曼奇"武装直升机 …… 160	伊朗 "风暴"武装直升机 ………………… 181
美国 ARH-70 "阿拉帕霍"武装侦察直升机 … 161	印度 "楼陀罗"武装直升机 ……………… 182
苏联米-1 直升机 …………………………… 162	印度 LCH 武装直升机 …………………… 182
苏联米-2 直升机 …………………………… 162	南非 CSH-2 "石茶隼"武装直升机 ……… 183
苏联/俄罗斯米-8 中型直升机 …………… 162	土耳其 T129 武装直升机 ………………… 183
苏联/俄罗斯米-24 武装直升机 …………… 163	日本 OH-1 "忍者"武装侦察直升机 …… 184
苏联/俄罗斯米-26 通用直升机 …………… 163	**第6章 无人机** …………………………… **185**
苏联/俄罗斯米-28 武装直升机 …………… 164	美国 MQ-1 "捕食者"无人机 …………… 186
苏联/俄罗斯米-34 通用直升机 …………… 164	美国 MQ-9 "收割者"无人机 …………… 187
俄罗斯米-35 武装直升机 ………………… 165	美国 "复仇者"无人机 …………………… 188
苏联/俄罗斯卡-27 反潜直升机 …………… 166	美国 X-47A "飞马"无人战斗机 ………… 189
苏联/俄罗斯卡-29 直升机 ………………… 166	美国 X-47B "咸狗"无人战斗机 ………… 189
苏联/俄罗斯卡-50 武装直升机 …………… 167	美国 "弹簧刀"无人侦察攻击机 ………… 190
俄罗斯卡-52 武装直升机 ………………… 168	以色列 "哈比"无人机 …………………… 190
欧洲 AS 555 "小狐"轻型直升机 ………… 169	以色列 "哈洛普"无人攻击机 …………… 191
欧洲 EH-101 "灰背隼"直升机 …………… 169	以色列 "赫尔姆斯"900 战略无人机 …… 191
欧洲 "虎"式武装直升机 ………………… 170	以色列 "航空星"战术无人机 …………… 192
欧洲 NH90 武装直升机 …………………… 171	英国 "雷神"无人战斗机 ………………… 192
意大利 A129 "猫鼬"武装直升机 ………… 171	法国 "神经元"无人战斗机 ……………… 193
英国 WAH-64 武装直升机 ………………… 172	法国 "雀鹰"战术无人机 ………………… 194
英国 AW159 "野猫"武装直升机 ………… 172	德国/西班牙 "梭鱼"无人战斗机 ………… 195
英国/法国 "山猫"直升机 ………………… 173	意大利 "天空"X 无人攻击机 …………… 195
英国 "超级大山猫"多用途直升机 ……… 173	
法国 SA 316/319 "云雀"Ⅲ直升机 ……… 174	**参考文献** …………………………………… **196**
法国 SA 321 "超黄蜂"直升机 …………… 174	

战机百科

第1章

随着各国高新技术不断发展，作战飞机的任务也多样化，大部分现代战机已具备对地空双重打击的能力，各种战机的航电系统也不断更新。在战场上，作战飞机在夺取制空权、防空作战、支援地面部队和舰艇部队作战等方面，都发挥着非常重要的作用。

战机的由来

飞机出现后的最初几年,基本上是一种娱乐的工具,主要用于竞赛和表演。但是当第一次世界大战(以下简称一战)爆发后,这个"会飞的机器"逐渐被派上了用场。1909年,美国陆军装备了第一架军用飞机,机上装有1台30马力(1马力=735瓦特)的发动机,最大速度为68千米/小时。同年莱特兄弟又制成1架双座莱特A型飞机,用于训练飞行员。

▲ 莱特兄弟为美国陆军制造的军用飞机

一战初期,军用飞机主要负责侦察、运输、校正火炮等辅助任务。当一战转入阵地战以后,交战双方的侦察机开始频繁活动起来。为了有效地阻止敌方侦察机执行任务,各国开始研制适用于空战的飞机。

世界上公认的第一种战斗机是法国的莫拉纳·索尔尼埃L型飞机。它由于装备了法国飞行员罗朗·加罗斯发明的"偏转片系统",解决了一直以来机枪子弹被螺旋桨干扰的难题。随后,德国研制出更加先进的"射击同步协调器"并安装在"福克"战斗机上,成为当时最强大的战斗机。"福克"战斗机的出现,从根本上改变了空战的方式,提高了飞机的空战能力,从此确立了战斗机武器的典型布置形式。

▲ 德国"福克"战斗机

随着空战的日趋激烈,战斗机作为军用飞机家族中的一个新成员,从此走上了"机动、信息、火力三者并重"的发展轨迹,在速度、高度和火力等方面不断改进。一战结束时,战斗机的最大飞行速度已达到200千米/小时,升限高度达6千米,重量接近1000千克,发动机功率169千瓦,大多配备7.62毫米的机枪。总体来说,飞机在一战中的地位是从反对到不重视,再到重视,其地位的不断发展也为以后的战争方式奠定了基础。

第二次世界大战(以下简称二战)中,飞机开始成为战争的主角。由于在一战中后期飞机的战略作用被各个国家所认识,到二战开始时,作战飞机已经得到了很好的发展,各种不同作战用途的作战飞机也应运而生,如攻击机、截击机、战斗轰炸机、俯冲轰炸机、鱼雷轰炸机等。

由于二战期间各种舰船(包括航空母舰)得到了大范围的使用,这也使得各种舰载机在战斗中具有巨大的发挥空间,渐渐成为各种海战的主导者。在飞机性能方面,二战期间的战斗机的最大速度已达700千米/小时,飞行高度达11千米,重量达6000千克,所用活塞式航空发动机的功率接近1470千瓦。瞄准系统已有能做前置量计算的陀螺光学瞄准具。

▲ 美国陆军航空部队在二战期间使用的P-51战斗机

二战末期，德国开始使用Me 262喷气式战斗机，最大飞行速度达960千米/小时。二战后，喷气式战斗机普遍代替了活塞式战斗机，飞行速度和高度迅速提高。20世纪50年代初，首次出现了喷气式战斗机空战的场面。苏联制造的米格-15和美国制造的F-86都采用后掠翼布局，飞行速度都接近音速，飞行高度15000米。机载武器已发展到20毫米以上的机炮，瞄准系统中装有雷达测距器。

由于带加力燃烧室的涡轮喷气发动机便于改善飞机外形，战斗机的速度很快突破了音障。20世纪60年代以后，战斗机的最大速度已超过两倍音速，配备武器已从机炮、火箭发展为空对空导弹。

20世纪60年代中期，以苏联米格-25和美国YF-12为代表的战斗机的速度超过三倍音速，作战高度约23000米，重量超过30吨。但是60年代后期越南战争、印巴战争和中东战争的实践表明，超音速战斗机制空战大多是在中、低空以接近音速的速度进行的。空战要求飞机具有良好的机动性，即转弯、加速、减速和爬升性能。装备的武器则是机炮和导弹并重。因此，此后新设计的战斗机不再追求很高的飞行速度和高度，而是着眼于改进飞机的中、低空机动能力，完善机载电子设备、武器和火力控制系统。

到了21世纪初，作战飞机大多具备多功能性，更加强调作战任务的灵活性，既能同对手进行空战，又拥有强大的对地攻击火力，能以尽量少的架次完成尽量多的任务，在执行任务中能够接受临时赋予的其他任务，甚至能够先空战再对地攻击。从现代空战的角度来看，未来空中战场不外乎是信息、机动和火力综合优势的争夺。未来作战飞机系统之间的整体对抗，将表现为多机编队对信息、火力和机动的综合利用。

▲ 德国Me 262喷气式战斗机

▲ F-22战斗机与特技飞行队同飞

战机大百科

▲ 美国B-52"同温层堡垒"轰炸机

战机的定义

战机即作战飞机,是指能以机载武器、特种装备对空中、地面、水上、水下目标进行攻击和担负其他作战任务的各类飞机。现代战机通常具有高空高速、远航程、全天候、载弹量大、自动驾驶、超低空突防、实施电子干扰和不同起落方式等特点。

现代作战飞机所用武器可分为两类:一类是非制导武器,如机炮和普通炸弹;另一类是制导武器,如无线电遥控炸弹、激光制导炸弹、电视制导炸弹、空对空导弹、空对地导弹、空对舰导弹和反潜导弹等。

战机的分类

作为一个国家最重要的空中战力,战机根据作战用途可分类为战斗机、轰炸机、攻击机、直升机以及无人机。

» 战斗机

战斗机又称为歼击机,具有火力强、速度快、机动性好等特点,主要任务是与敌方战斗机进行空战,夺取空中优势(制空权),其次是拦截敌方轰炸机、攻击机和巡航导弹,还可携带一定数量的对地攻击武器,执行对地攻击任务。

战斗机还包括要地防空用的截击机。但自20世纪60年代以后,由于雷达、电子设备和武器系统的完善,专用截击机的任务已由歼击机完成,截击机不再发展。

▲ 法国"阵风"战斗机

» 轰炸机

轰炸机是主要用于从空中对地面或水上、水下目标进行轰炸的飞机,有装置炸弹、导弹等的专门设备和防御性的射击武器。轰炸机具有突击力强、航程远、载弹量大等特点,是航空兵实施空中突击的主要机种。机上武器系统包括机载武器,如各种炸弹、航弹、空对地导弹、巡航导弹、鱼雷、航空机关炮等。轰炸机按起飞重量、载弹量和航程的不同大致分为轻、中、重型三类。

▲ 美国B-2"幽灵"轰炸机

» 攻击机

攻击机又称为强击机，具有良好的低空操纵性、安定性和搜索地面小目标能力，可配备品种较多的对地攻击武器。为提高生存力，一般在其要害部位有装甲防护。攻击机主要用于从低空、超低空突击敌方或浅近战役纵深内的目标，直接支援地面部队作战。

▲ 苏联/俄罗斯苏-25"蛙足"攻击机

» 直升机

直升机由于可以垂直起飞或降落，因此在民用和军用领域中应用广泛。军用直升机是装有武器、为执行作战任务而研制的直升机，可分为专用型和多用型两大类。专用型直升机机身窄长，作战能力较强；多用型直升机除了可用来执行攻击任务外，还可用于运输、机降等任务。

直升机的突出特点是可以做低空（离地面数米）、低速（从悬停开始）和机头方向不变的机动飞行，特别是可在小面积场地垂直起降。这些特点使其具有广阔的用途及发展前景，在军事领域中作用巨大。

▲ 俄罗斯卡-52"短吻鳄"武装直升机

» 无人机

无人机就是无人驾驶的飞机，现在也常出现在作战环境中。无人机战术性能的优越性主要体现在卓越的隐身性能和超强的机动性能上。无人机除了用于完成普通无人机所能完成的像侦察、无线电中继、电子干扰这样的常规任务外，还可用于完成很多由载人驾驶飞机和导弹执行的作战任务。

战机大百科

▲ 美国MQ-1"捕食者"无人机

战斗机

第 2 章

战斗机通常被视为一个国家最重要的空中战力,主要用于对抗敌方的航空器,攻击空中目标,夺取、维护战场上的制空权;其次是拦截敌方轰炸机、攻击机和巡航导弹;另外还可携带一定数量的对地攻击的武器,执行对地的攻击任务。

美国P-1"鹰"式战斗机

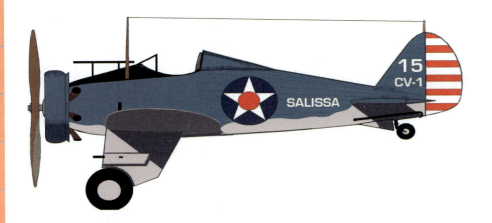

制造商：柯蒂斯公司
生产数量：202架
首次服役时间：1925年
主要使用者：美国陆军航空队

基本参数	
机身长度	7.01米
机身高度	2.67米
翼展	9.6米
最大起飞重量	1349千克
最大速度	249千米/小时
最大航程	483千米

P-1"鹰"（Hawk）式战斗机是美国柯蒂斯公司研制的双翼敞开式座舱战斗机，也是美国陆军航空队第一种以字母"P"作为型号开头的机型。

第一架生产型P-1战斗机于1925年8月17日送交美国军方。紧随其后的是使用了改良发动机的P-1B和P-1C，这些改良后的型号一直服役到1930年。P-1战斗机的衍生型号较多，包括P-2战斗机、P-3战斗机、P-5战斗机、AT-4教练机和AT-5教练机等。战斗机型号的机载武器通常是两挺7.62毫米勃朗宁机枪，动力装置为柯蒂斯V-1150-3发动机，最大功率为324千瓦。

小 知 识

在1925年前，P-1"鹰"式战斗机的较早型号被指定为PW-8。1923年9月，美国陆军下令生产PW-8，以取代现有的陆军战斗机。在同时期的美国战斗机中，PW-8的飞行速度虽然远高于其他战斗机，但是战斗性能却没有达到预期效果。

美国P-12战斗机

制造商：波音公司
生产数量：586架
首次服役时间：1929年
主要使用者：美国陆军航空队、美国海军

  P-12战斗机是美国波音公司于1928年自费研制的双翼单座战斗机，除美国陆军航空队（美国空军前身）外，美国海军也有采用，并重新命名为F4B。P-12和F4B的外形基本相同，只是细节上略有区别。

基本参数

机身长度	6.19米
机身高度	2.74米
翼展	9.14米
最大起飞重量	1220千克
最大速度	304千米/小时
最大航程	917千米

美国P-26"玩具枪"战斗机

制造商：波音公司
生产数量：151架
首次服役时间：1932年
主要使用者：美国陆军航空队

  P-26"玩具枪"（Peashooter）战斗机是美国陆军航空队所使用的第一架单翼战斗机，也是波音公司拆分更名前量产的最后一种战斗机。P-26战斗机采用低单翼，但在机翼的上下方仍有与机身连接的支撑钢线，以维持机翼的结构与刚性。

基本参数

机身长度	7.18米
机身高度	3.04米
翼展	8.5米
最大起飞重量	1366千克
最大速度	377千米/小时
最大航程	1020千米

美国P-35战斗机

制造商：塞维尔斯基公司
生产数量：196架
首次服役时间：1937年
主要使用者：美国陆军航空队

  P-35战斗机是由美国塞维尔斯基公司（共和飞机公司的前身）研制的单发战斗机，1935年8月首次试飞。这是美国陆军航空队采用的第一种全金属结构，并配备伸缩起落架与全封式座舱的战斗机，象征美国军用航空发展的一个新阶段。

基本参数

机身长度	8.17米
机身高度	2.97米
翼展	10.97米
最大起飞重量	3050千克
最大速度	467千米/小时
最大航程	1530千米

美国P-36战斗机

P-36战斗机是美国柯蒂斯公司于20世纪30年代研制的单发单座战斗机,起源于柯蒂斯公司竞标美国陆军航空队于1935年提出的战斗机设计需求,第一架生产型P-36A战斗机于1938年4月出厂送交军方。不过到了1941年,P-36战斗机的性能被认为已经落伍,同时逐渐由P-40战斗机与P-39战斗机取代作为第一线战斗机。

P-36战斗机采用低单翼、全金属半硬壳设计,起落架位于机翼下方,直接向后收起,但是机轮会旋转90度之后平贴于机翼。机翼外侧结构完全密封,以便迫降水面时能增大浮力。尾轮也是可伸缩式,向后收起在机身内部。最初的武器是12.7毫米与7.62毫米机枪各1挺,之后改为2挺7.62毫米M1919机枪。该机无论是在各速度范围下操作面的控制与反应方面,还是在稳定性与地面操控性方面,都有很好的评价。

制造商:柯蒂斯公司
生产数量:1115架
首次服役时间:1938年
主要使用者:美国陆军航空队

基本参数

机身长度	8.7米
机身高度	2.6米
翼展	11.4米
最大起飞重量	2732千克
最大速度	500千米/小时
最大航程	1385千米

小知识

1937年7月,美国陆军对柯蒂斯公司提出210架P-36A战斗机的生产合约,这也是当时自一战以来数量最大的军用机生产合约之一。

美国P-38"闪电"战斗机

P-38"闪电"(Lightning)战斗机是二战时期由美国洛克希德公司生产的一款双发战斗机,其用途十分广泛,可执行多种任务,是美国陆军航空队在二战期间的重要战斗机之一。

P-38战斗机被日本飞行员称为"双身恶魔",它拥有许多令日军闻风丧胆的优良特性,包括高速度、重装甲、火力强大等,太平洋战场上众多的美军王牌飞行员均驾驶过该机。P-38战斗机的两具艾里逊V-1710发动机分别装设在机身两侧,飞行员与武器系统则设置在中央的短机身里。该机的主要武器为一门西斯潘诺M2(C) 20毫米机炮(备弹150发)和4挺12.7毫米机枪(各备弹500发),另外还可搭载4具M10型112毫米火箭发射器或10枚127毫米高速空用火箭,也可换成两枚908千克炸弹或4枚227千克炸弹。

制造商:洛克希德公司
生产数量:10037架
首次服役时间:1941年
主要使用者:美国陆军航空队、美国空军

基本参数

机身长度	11.53米
机身高度	3.91米
翼展	15.85米
最大起飞重量	9798千克
最大速度	666千米/小时
最大航程	2100千米

小知识

第一种用于实战的P-38战斗机是F-4侦察型,它是由P-38E战斗机将武装撤除并换装为照相机改装而成的侦察机。1942年4月4日它们被调派至驻扎在澳大利亚的第8照相侦察中队。

美国P-39"空中眼镜蛇"战斗机

制造商：贝尔飞机公司
生产数量：9588架
首次服役时间：1941年
主要使用者：美国陆军航空队

P-39"空中眼镜蛇"（Airacobra）战斗机是由美国贝尔飞机公司设计的单发战斗机。与同一时期的战斗机相比，P-39战斗机在设计上最特别的就是发动机的位置：将发动机放在座舱后面，螺旋桨通过一根延长轴来驱动机头，座舱布置相应靠前，从而改变了飞机的构造。

基本参数

机身长度	9.2米
机身高度	3.8米
翼展	10.4米
最大起飞重量	3800千克
最大速度	605千米/小时
最大航程	840千米

美国P-40"战鹰"战斗机

制造商：柯蒂斯公司
生产数量：13738架
首次服役时间：1941年
主要使用者：美国陆军航空队

P-40"战鹰"（Warhawk）战斗机是美国柯蒂斯公司研制的单发战斗机，是一种较为先进的全金属下单翼战斗机，但并非全新设计，而是在柯蒂斯公司P-36战斗机基础上改良而来，主要是将"双黄蜂"星型发动机换成了涡轮增压的艾里逊V-1710直列发动机。

基本参数

机身长度	9.66米
机身高度	3.76米
翼展	11.38米
最大起飞重量	4000千克
最大速度	580千米/小时
最大航程	1100千米

美国P-43"枪骑兵"战斗机

制造商：共和飞机公司
生产数量：273架
首次服役时间：1941年
主要使用者：美国陆军航空队

P-43"枪骑兵"（Lancer）战斗机是由美国共和飞机公司制造的单发战斗机，是P-35战斗机的后续机种，主要改善了后者稳定性不足、火力不够的缺点，并加强了发动机动力。除美国外，澳大利亚和巴西等国家也有采用。

基本参数

机身长度	8.7米
机身高度	4.3米
翼展	11米
最大起飞重量	3837千克
最大速度	573千米/小时
最大航程	1046千米

美国P-47"雷霆"战斗机

制造商：共和飞机公司
生产数量：15686架
首次服役时间：1942年
主要使用者：美国陆军航空队

P-47"雷霆"（Thunderbolt）战斗机由共和飞机公司制造，适合于搭载更多小型炸弹执行对地攻击任务，是美国陆军航空队在二战中后期的主力战斗机之一，也是当时最大型的单引擎战斗机。由于其机身明显较其他型战机壮硕许多，故当时也有昵称为"水罐""奶瓶"。

基本参数

机身长度	11米
机身高度	4.47米
翼展	12.42米
最大起飞重量	7938千克
最大速度	697千米/小时
最大航程	1290千米

美国P-51"野马"战斗机

制造商：北美航空公司
生产数量：15000架以上
首次服役时间：1942年
主要使用者：美国海军、美国陆军航空队

P-51"野马"（Mustang）战斗机是美国北美航空公司研制的轻型战斗机，堪称美国陆军航空队在二战期间最著名的战斗机。该机是美国海军和陆军航空队所使用的单发战斗机中航程最长、对于欧洲与太平洋战区战略轰炸护航最重要的机种。

基本参数

机身长度	9.83米
机身高度	4.17米
翼展	11.29米
最大起飞重量	5262千克
最大速度	703千米/小时
最大航程	2092千米

美国P-59"空中彗星"战斗机

制造商：贝尔飞机公司
生产数量：66架
首次服役时间：1943年
主要使用者：美国陆军航空队

P-59"空中彗星"（Airacomet）战斗机是美国贝尔飞机公司设计的第一架喷气式战斗机，也是美国陆军航空队采用的第一种喷气式战斗机。尽管P-59战斗机在二战期间没有任何服役的经历，但这无损于其重要性，因为它为美军提供了喷气式飞机使用、维护和保养的宝贵数据及经验，为后续喷气式战斗机的研制打下了坚实的基础。

基本参数

机身长度	11.84米
机身高度	3.76米
翼展	13.87米
最大起飞重量	6214千克
最大速度	665千米/小时
最大航程	604千米

美国P-61"黑寡妇"战斗机

| 制造商：诺斯洛普公司 |
| 生产数量：706架 |
| 首次服役时间：1943年 |
| 主要使用者：美国陆军航空队 |

基本参数	
机身长度	14.9米
机身高度	4.47米
翼展	20.2米
最大起飞重量	14700千克
最大速度	594千米/小时
最大航程	3060千米

　　P-61"黑寡妇"（Black Widow）战斗机是美国诺斯洛普公司（现诺斯洛普·格鲁曼公司）研制的双发夜间战斗机，它是美国陆军航空队唯一一种专门设计用于夜间使用的战斗机，也是美国陆军航空队在二战时期起飞重量最大的战斗机。

　　P-61战斗机的中央机舱分为机头雷达舱、驾驶舱（驾驶舱内还有一个坐在飞行员后上方的雷达员）和末端的射击员舱。P-61战斗机在机身下突出部分装有4门20毫米机炮，一共备弹600发。顶部遥控操纵炮塔内装有4挺12.7毫米机枪，一共备弹1600发。此外，该机的机翼下方最大可携带2903千克炸弹或火箭弹。

小知识

　　由于设计复杂且计划耗费相当长的时间，当P-61战斗机在1944年进入太平洋战区服役时，盟军在欧洲和太平洋战场都已经取得制空权，使得P-61战斗机没有太多发挥的空间，取得的战果不如美国陆军航空队的其他战斗机。

美国P-63"眼镜王蛇"战斗机

制造商：	贝尔飞机公司
生产数量：	3303架
首次服役时间：	1943年
主要使用者：	美国陆军航空队

　　P-63"眼镜王蛇"（Kingcobra）战斗机由美国贝尔飞机公司研制，1942年12月首次试飞。P-63战斗机的总体布局与贝尔飞机公司此前研制的P-39"空中眼镜蛇"战斗机相似，在飞行员后方安装艾里逊V-1710-117发动机，采用前三点式起落架。

基本参数

机身长度	10米
机身高度	3.8米
翼展	11.7米
最大起飞重量	4900千克
最大速度	660千米/小时
最大航程	725千米

美国P-66"先锋"战斗机

制造商：	伏尔特飞机公司
生产数量：	146架
首次服役时间：	1941年
主要使用者：	美国陆军航空队

　　P-66"先锋"（Vanguard）战斗机是美国伏尔特飞机公司研制的单发战斗机。据操作该机的飞行员评价，该机操作灵敏，性能良好，其特技及爬升性能优于P-40战斗机，但稍欠稳定，另一缺点是起落架结构脆弱，且飞机失事率高。

基本参数

机身长度	8.66米
机身高度	2.87米
翼展	10.92米
最大起飞重量	3349千克
最大速度	547千米/小时
最大航程	1370千米

美国P-75"鹰"式战斗机

制造商：	通用汽车公司
生产数量：	14架
首次服役时间：	未服役
主要使用者：	美国陆军航空队

　　P-75"鹰"（Eagle）式战斗机由美国通用汽车公司研制，1943年11月首次试飞。P-75战斗机的机身为全金属半硬壳结构，外覆承力蒙皮，可分为前、中、后三部分。机翼内装有6挺12.7毫米机枪，机鼻安装有另外4挺，这种火力在当时的美国战斗机中是空前的。

基本参数

机身长度	12.32米
机身高度	4.72米
翼展	15.04米
最大起飞重量	8260千克
最大速度	697千米/小时
最大航程	3300千米

美国F-80"流星"战斗机

F-80"流星"（Shooting Star）战斗机是美国洛克希德公司研制的喷气式战斗机，也是美国第一种大量生产与服役的喷气式战斗机。该机于1944年1月首次试飞，是美国喷气式战斗机当中第一架有击落敌机记录的机种。在二战后期，部分F-80被改成QF-80靶机进行战斗训练与武器试射实验。

F-80战斗机的机身为全金属半硬壳结构，采用低单翼设计，机翼没有后掠角度。机翼与水平安定面的翼端最初都是方形，后来改为圆形。起落架为前三点式，鼻轮向后收起，两侧主轮向内收入机身下方。机载武器方面，F-80战斗机在机鼻两侧各装有3挺12.7毫米机枪，每挺机枪配备200发子弹。

制造商	洛克希德公司
生产数量	1715架
首次服役时间	1945年
主要使用者	美国空军、美国海军

基本参数

机身长度	10.52米
机身高度	3.45米
翼展	11.85米
最大起飞重量	7700千克
最大速度	932千米/小时
最大航程	1930千米

小知识

在二战结束前，F-80战斗机已经有两架部署在意大利，两架部署在英国，但是这些飞机没有机会参加实战，主要贡献是提供轰炸机飞行员训练对付喷气式战斗机的战术。直到20世纪50年代初，喷气式战斗机之间才首次发生空战。

美国F-82"双野马"战斗机

F-82"双野马"（Twin Mustang）战斗机是美国北美航空公司研制的双发双座战斗机，原称P-82战斗机。从外形上来看，F-82战斗机很像是两架机翼连在一起的P-51"野马"战斗机，但F-82战斗机是一种全新的设计，通过双尾撑配置来实现较远的航程和良好的耐久性。

F-82战斗机的双座舱都具有完整驾驶能力，以便飞行员在长航时飞行中可以交替进行休息，在增加夜间战斗能力后，F-82战斗机的驾驶舱保留在左侧，右舱改为雷达及相关武器的操作舱。F-82战斗机的机翼中安装了6挺12.7毫米勃朗宁机枪，翼下挂架最大可携带1816千克的炸弹或火箭弹。

制造商	北美航空公司
生产数量	272架
首次服役时间	1948年
主要使用者	美国空军

基本参数

机身长度	12.93米
机身高度	4.22米
翼展	15.62米
最大起飞重量	11632千克
最大速度	740千米/小时
最大航程	3605千米

小知识

1950年，美国国内一些F-82战斗机的用户已经开始换装喷气式飞机。最后一架F-82战斗机于1953年退役，美国空军从此全面进入喷气式战斗机时代。

美国F-84"雷电喷气"战斗机

F-84"雷电喷气"（Thunderjet）战斗机是美国共和飞机公司研制的喷气式战斗机，也是美国空军在二战后使用的第一种战斗机，1946年2月26日首次试飞。F-84共有A、B、C、D、E、F、G、H、J等十多种机型。除美国空军使用外，还提供给许多国家。

F-84战斗机为机头进气，增压座舱具有泪滴形座舱盖和弹射座椅，机腹座舱下方安装有大型减速板。由于航程与高速性能同样重要，所以该机放弃了薄机翼，机翼厚度要足以容纳油箱和起落架。F-84的机头装有4挺12.7毫米勃朗宁机枪，翼根也有两挺12.7毫米勃朗宁机枪。另外，4个翼下挂架最大可携带1814千克的炸弹或火箭弹。

制造商	共和飞机公司
生产数量	7524架
首次服役时间	1947年
主要使用者	美国空军

基本参数

机身长度	10.24米
机身高度	4.39米
翼展	13.23米
最大起飞重量	10590千克
最大速度	1059千米/小时
最大航程	1384千米

小知识

F-84战斗机是美国第一种能运载战术核武器的喷气式战斗机。在20世纪50年代的局部战争中，美军F-84战斗机几乎每日使用炸弹、火箭弹和凝固汽油攻击敌方的铁路、桥梁和行进中的部队。

美国XF-85"小鬼"战斗机

XF-85"小鬼"（Goblin）战斗机是美国军方为了解决长程战斗机为轰炸机护航问题而委托麦克唐纳公司设计的寄生式战斗机（指用大型飞机搭载小型飞机，以弥补后者航程不足或执行特定任务的做法）。第一架XF-85原型机在加利福尼亚州莫非特机场进行风洞测试时损坏，所以只能使用第二架原型机进行飞行测试。但二次试飞时，XF-85原型机在被投放后，飞行10分钟便撞向吊架，座舱盖被打碎，幸运的是试飞员没有受伤。尽管经过修理之后，XF-85战斗机也继续进行多次试飞，但结果都不理想。随着喷气动力和空中加油的技术不断成熟，战斗机自身的航程和作战能力已今非昔比，寄生式战斗机逐渐失去用武之地。因此，如今我们只能在博物馆中看到XF-85战斗机的身影。

制造商	麦克唐纳公司
生产数量	2架
首次服役时间	未服役
主要使用者	美国空军

基本参数

机身长度	4.52米
机身高度	2.51米
翼展	6.43米
最大起飞重量	2540千克
最大速度	1050千米/小时
最大航程	14.6千米

小知识

唯一的两架XF-85"小鬼"战斗机分别被放在俄亥俄州戴顿博物馆和内布拉斯加州战略空军博物馆。

美国F-86"佩刀"战斗机

F-86"佩刀"（Sabre）战斗机是美国北美航空公司研制的变后掠翼喷气式战斗机，1947年10月1日首次试飞，堪称美国早期设计最为成功的喷气式战斗机代表作。除美国外，英国、法国、德国、荷兰、意大利、加拿大、澳大利亚、以色列、玻利维亚、日本、韩国、印度、南非等国家都有采用。

F-86战斗机的主要武器为6挺12.7毫米勃朗宁M2HB机枪（H型改为4门20毫米机炮），并可携带900千克炸弹或8支166毫米无导向火箭弹。该机在空战中用于拦截与轰炸，是第一架装备空对空导弹的战斗机，也是美国第一架装设弹射椅的战斗机。

制造商	北美航空公司
生产数量	9860架
首次服役时间	1949年
主要使用者	美国空军

基本参数

机身长度	11.4米
机身高度	4.6米
翼展	11.3米
最大起飞重量	8234千克
最大速度	1106千米/小时
最大航程	2454千米

小知识

与苏联第一代喷气式战斗机米格-15相比，F-86战斗机最大水平空速较低，最大升限较低，中低空爬升率较低，但其高速状态下的操控性较佳，运动性灵活，也是一个稳定的射击平台，配合雷达瞄准仪，能够在低空有效对抗米格-15战斗机。

美国XF-88"巫毒"战斗机

XF-88"巫毒"（Voodoo）战斗机是美国空军基于二战期间为轰炸机护航的经验下，期望以喷射动力设计，能够在航程上媲美过去担任护航的战斗机。官方给予这架原型机的正式名称是"巫毒"。麦克唐纳公司于1946年4月1日提出设计方案，美国陆军航空队经过审核之后，于1946年6月正式提出两架XP-88原型机生产合约。

1948年6月美国空军正式将XP-88改为XF-88，同年10月20日第一架原型机进行第一次试飞。在整个试飞期间，XF-88出现许多小问题。第二架原型机编号改为XF-88A。尽管在1948年12月，美国空军通知麦克唐纳公司停止所有设计研发工作，但两架原型机的试飞计划依旧进行。

制造商	麦克唐纳公司
生产数量	2架
首次服役时间	未服役
主要使用者	美国空军

基本参数

机身长度	16.50米
机身高度	5.26米
翼展	12.09米
最大起飞重量	10478千克
最大速度	1136千米/小时
最大航程	2795千米

小知识

美国空军除了XF-88A战斗机之外，同时竞争"穿透战斗机"计划的候选者还有洛克希德公司的XF-90战斗机与北美航空公司的XF-93战斗机。经过试飞比较之后，美国空军于1948年6月宣布XF-93战斗机获胜。

美国F-94"星火"战斗机

制造商:	洛克希德公司
生产数量:	855架
首次服役时间:	1950年
主要使用者:	美国空军

基本参数	
机身长度	11.48米
机身高度	3.58米
翼展	11.43米
最大起飞重量	6810千克
最大速度	975千米/小时
最大航程	1852千米

　　F-94"星火"（Starfire）战斗机是由美国洛克希德公司研制的喷气式双座单发战斗机，主要有F-94A、F-94B和F-94C三种型号。

　　F-94"星火"战斗机的第一个生产型是F-94A，这是美国第一种装备发动机加力燃烧室的生产型战机，同时又是美国空军第一种喷气式全天候战斗机。F-94B战斗机是更加可靠的改进型，外表与F-94A战斗机基本相同，但在内部设备和系统方面却有着不小的差别。F-94B战斗机加装了一台斯佩里零位指示器和一套增压供氧系统，改进了液压系统，并且增大了座舱空间。F-94C战斗机是在F-94B战斗机基础上大幅改进而来，包括重新设计机翼和减速板、增大载油量、安装减速伞、武器改装在机头的火箭发射巢（取代F-94A战斗机的4门12.7毫米机枪）、换装普惠J48加力涡喷发动机等。

小 知 识

　　有一种由F-94C战斗机演变而来的F-94D机型，可执行轰炸用途，但它最终停留在计划阶段，没能投入生产。

美国F-100"超佩刀"战斗机

F-100"超佩刀"（Super Sabre）战斗机是由美国北美航空公司研制的喷气式战斗机。与通常采用机头进气的飞机不同，F-100战斗机的进气口是扁圆形的，而非通常的正圆形，从而构成该机独有的外形特征。该机是第一种在机身重要结构上采用钛合金的飞机，其主要目的是为了避免超音速飞行时气动加热导致飞机结构强度降低，不过这也导致造价非常昂贵。

F-100战斗机的主要武器是4门20毫米M39机炮，另外还可携带AIM-9"响尾蛇"导弹、AGM-12"小斗犬"空对地导弹、70毫米火箭发射器及其他炸弹等，并可携带核弹。除美国外，法国、土耳其和丹麦等国家也有采用。

制造商：北美航空公司
生产数量：2294架
首次服役时间：1953年
主要使用者：美国空军

基本参数

机身长度	14.36米
机身高度	4.68米
翼展	11.82米
最大起飞重量	15800千克
最大速度	1390千米/小时
最大航程	3210千米

小知识

F-100战斗机最初是作为接替F-86"佩刀"战斗机的高性能超音速战斗机，然而在其服役生涯中，常常被作为战斗轰炸机使用。

美国F-101"巫毒"战斗机

F-101"巫毒"（Voodoo）战斗机是由美国麦克唐纳公司研制的双发超音速战斗机，虽然设计上是担任轰炸机护航任务的长程战斗机（F-101A），但稍加改装后也可作为全天候截击机（F-101B）、战斗轰炸机（F-101C）以及战术侦察机（RF-101A）等使用。F-101的战斗机与战斗轰炸机机型没有参与任何战争，不过RF-101A战术侦察机曾在亚洲执行侦察任务。

F-101战斗机采用中单翼，两台发动机的进气口位于机身两侧，发动机喷嘴在机身中后部，后机身结构向后延伸安装垂直尾翼。水平尾翼接近垂直尾翼的顶部，为全动式设计。该机动力装置为两台普惠J57涡轮喷气发动机，单台最大推力75.2千牛。

制造商：麦克唐纳公司
生产数量：807架
首次服役时间：1957年
主要使用者：美国空军

基本参数

机身长度	21.54米
机身高度	5.49米
翼展	12.1米
最大起飞重量	23000千克
最大速度	1825千米/小时
最大航程	2450千米

小知识

F-101战斗机是第一架水平飞行速度超过1600千米/小时的量产机型，也创下了战术侦察机的速度纪录（A-12与SR-71侦察机属于战略侦察机）。

美国F-102"三角剑"战斗机

制造商：康维尔公司
生产数量：1000架
首次服役时间：1956年
主要使用者：美国空军

　　F-102"三角剑"（Delta Dagger）战斗机是由美国康维尔公司研制的单座全天候战斗机，主要用于美国本土的防空作战。该机主要被部署在北美大陆，用来拦截敌方的远程轰炸机。曾参加越南战争，主要任务是空军基地防空和护送轰炸机。其主要武器是24枚70毫米无导引火箭弹，也可携带6枚AIM-4空对空导弹。

基本参数

机身长度	20.83米
机身高度	6.45米
翼展	11.61米
最大起飞重量	14300千克
最大速度	1304千米/小时
最大航程	2715千米

美国XF-103战斗机

制造商：共和飞机公司
生产数量：未生产
首次服役时间：未服役
主要使用者：美国空军

　　XF-103战斗机是共和飞机公司为美国空军设计的一架高速高空战斗机，不过美国空军于1957年8月21日取消了XF-103战斗机的发展合同，当时XF-103战斗机的设计只进行到全尺寸模型阶段，许多高速飞行下可能出现的问题与严重性都无法得知。

基本参数

机身长度	23.5米
机身高度	5.1米
翼展	10.5米
最大起飞重量	19443千克
最大速度	3862千米/小时
最大航程	394千米

美国F-104"星"式战斗机

制造商：洛克希德公司
生产数量：2578架
首次服役时间：1958年
主要使用者：美国空军

　　F-104"星"（Starfighter）式战斗机是由美国洛克希德公司研制的超音速轻型战斗机，曾被戏称为"飞行棺材"或"寡妇制造机"，这是因为该机为了追求高空高速，被设计成机身长而机翼短小、T形尾翼等，都是为了最大限度实现减阻，但却牺牲了飞机的盘旋性能。

基本参数

机身长度	16.66米
机身高度	4.11米
翼展	6.36米
最大起飞重量	13170千克
最大速度	2137千米/小时
最大航程	2623千米

美国F-106"三角标枪"战斗机

制造商：	康维尔公司
生产数量：	342架
首次服役时间：	1959年
主要使用者：	美国空军

　　F-106"三角标枪"（Delta Dart）战斗机是美国康维尔公司研制的超音速全天候三角翼战斗机，主要目标是进行各种远程轰炸，标准武器配置是4枚AIM-4空对空导弹、1枚AIR-2"妖怪"核火箭。该机原本没有机炮，后来加装了M61"火神"机炮。

基本参数	
机身长度	21.56米
机身高度	6.18米
翼展	11.67米
最大起飞重量	15670千克
最大速度	2455千米/小时
最大航程	4300千米

美国XF-108"轻剑"截击机

制造商：	北美航空公司
生产数量：	未生产
首次服役时间：	未服役
主要使用者：	美国空军

　　XF-108"轻剑"截击机是美国北美航空公司设计的一种高空高速截击机，1959年5月15日，XF-108被美国空军命名为"轻剑"（Rapier），确定量产后的型号为F-108A，并且准备订购480架。不过由于经费不足和美国国防政策的改变，XF-108在研究阶段就被终止，仅仅生产了一个木质模型。

基本参数	
机身长度	27.2米
机身高度	6.7米
翼展	17.5米
最大起飞重量	46508千克
最大速度	3190千米/小时
最大航程	4002千米

美国F-3"魔鬼"战斗机

制造商：	麦克唐纳公司
生产数量：	522架
首次服役时间：	1956年
主要使用者：	美国海军

　　F-3战斗机是美国麦克唐纳公司研制的第一种后掠翼喷气式战斗机，绰号"魔鬼"（Demon）。F-3战斗机有F3H-1N、F3H-1P、F3H-2N、F3H-2M、F3H-2、F3H-2P和F3H-3等多种型号，其中，F3H-2M是第一种只带导弹而不用机炮的战斗机。

基本参数	
机身长度	17.98米
机身高度	4.44米
翼展	10.76米
最大起飞重量	14127千克
最大速度	1152千米/小时
最大航程	1899千米

美国F-4"鬼怪"Ⅱ战斗机

制造商：麦克唐纳公司

生产数量：5195架

首次服役时间：1960年

主要使用者：美国空军、美国海军、美国海军陆战队

基本参数

机身长度	19.2米
机身高度	5.02米
翼展	11.77米
最大起飞重量	28030千克
最大速度	2414千米/小时
最大航程	2600千米

F-4"鬼怪"Ⅱ（PhantomⅡ）战斗机是美国麦克唐纳公司研制的双发双座全天候战斗机，最初是为美国海军研制的。由于受到当时美国国防部长期望海军、空军采用共通机体的压力，美国空军在1961年同意测试之后与美国海军陆战队和美国海军同时采用，成为美国少见的同时在海军、空军服役的战斗机。

F-4战斗机是美国第二代战斗机的典型代表，各方面的性能都比较好，空战性能出色，对地攻击能力也较强。除了作为海军、空军的主要制空战斗机以外，在对地攻击、战术侦察与压制敌方防空系统等任务方面也发挥了很大作用。该机的缺点是大迎角机动性能欠佳，高空和超低空性能略差，起降时对跑道要求较高。

小知识

F-4战斗机是美国空军、海军在20世纪60年代和70年代的主力战斗机，曾参加越南战争和中东战争，也曾经是美国空军"雷鸟"飞行表演队的表演用机。

美国F4U"海盗"战斗机

制造商:	沃特公司
生产数量:	12571架
首次服役时间:	1942年
主要使用者:	美国海军、美国海军陆战队

　　F4U战斗机是美国沃特公司为美国海军研发的一种舰载战斗机,绰号"海盗"(Corsair),原型机曾创下202.5千米/小时的飞行速度记录,成为第一款超越200千米/小时的美国战斗机。F4U战斗机加速性能好,火力强大,爬升快,坚固耐用。

基本参数

机身长度	10.2米
机身高度	4.5米
翼展	12.5米
最大起飞重量	6654.2千克
最大速度	718千米/小时
最大航程	1617千米

美国F-5"自由斗士"战斗机

制造商:	诺斯洛普公司
生产数量:	2224架以上
首次服役时间:	1962年
主要使用者:	美国空军、美国海军

　　F-5"自由斗士"(Freedom Fighter)战斗机是由美国诺斯洛普公司设计的轻型战斗机,被诸多美国盟国与第三世界国家采用,各类衍生型从最早仅有对地攻击能力的F-5A,到强化空对空作战能力的F-5E,以及战术侦察型RF-5等。

基本参数

机身长度	14.45米
机身高度	4.06米
翼展	8.13米
最大起飞重量	11210千克
最大速度	1741千米/小时
最大航程	2860千米

美国F-6"天光"战斗机

制造商:	道格拉斯公司
生产数量:	422架
首次服役时间:	1956年
主要使用者:	美国海军、美国海军陆战队

　　F-6"天光"(Skyray)战斗机是美国道格拉斯公司研制的第一种打破绝对航速记录的舰载战斗机,同时也是美国海军采用的第一种超音速战斗机,因其外形像一种生活在海底的动物蝠鲼,从而得名"天光"这一称号。但是它的服役时间较短,并从来没有参与战斗。

基本参数

机身长度	13.8米
机身高度	3.96米
翼展	10.2米
最大起飞重量	12300千克
最大速度	1242千米/小时
最大航程	1130千米

美国F2Y"海标"喷气水上战斗机

制造商:	康维尔公司
生产数量:	5架
首次服役时间:	未服役
主要使用者:	美国海军

　　F2Y"海标"(Sea Dart)战斗机是美国唯一的喷气水上战斗机,1947年美国海军委托美国康维尔公司研制,1953年在圣迭戈湾试飞成功,但由于技术和实际使用的问题,无法解决F2Y"海标"喷气水上战斗机在水上滑行时的振动和安全问题,最终以失败收场。

基本参数

机身长度	16米
机身高度	4.9米
翼展	10.3米
最大起飞重量	9750千克
最大速度	1120千米/小时
最大航程	826千米

美国F-8"十字军"战斗机

制造商:	沃特公司
生产数量:	1261架
首次服役时间:	1957年
主要使用者:	美国海军

　　F-8战斗机是美国沃特公司为美国海军研制的舰载超音速战斗机,绰号"十字军"(Crusader)。F-8战斗机的突出特点是采用可变安装角机翼,机翼外段可以向上折叠,便于舰上停放。此外,F-8战斗机是美国设计的最后一种以机炮为主要武器的飞机,所以F-8战斗机的飞行员们常称自己为"最后的枪手"。

基本参数

机身长度	16.53米
机身高度	4.8米
翼展	10.87米
最大起飞重量	15000千克
最大速度	1975千米/小时
最大航程	730千米

美国F-9"黑豹"战斗机

制造商:	格鲁曼公司
生产数量:	1382架
首次服役时间:	1948年
主要使用者:	美国海军、美国海军陆战队

　　F-9战斗机是美国格鲁曼公司(现诺斯洛普·格鲁曼公司)研发的第一架喷气式战斗机,绰号"黑豹"(Panther)。该机于20世纪40年代中期开始研制,最开始的设计是平直机翼,到了后来的晚期型号,机翼被改成后掠式,是美国海军航空母舰上成功部署的喷射式舰载战斗轰炸机之一。

基本参数

机身长度	11.4米
机身高度	3.45米
翼展	12米
最大起飞重量	7460千克
最大速度	925千米/小时
最大航程	2100千米

美国F-10"空中骑士"战斗机

制造商:	道格拉斯公司
生产数量:	265架
首次服役时间:	1951年
主要使用者:	美国海军、美国海军陆战队

　　F-10"空中骑士"（Skyknight）战斗机是美国道格拉斯公司研制的舰载夜间战斗机，同时它也是世界上最早的喷气式夜间战斗机。F-10战斗机的主要任务是在夜间搜寻并摧毁敌机，在空对空导弹的研制中，也发挥了重要作用。作为陆基战斗机，它能有效完成攻击和支援任务；但从航空母舰舰载作战角度而言，则需要更强的单机作战能力。

基本参数

机身长度	13.84米
机身高度	4.9米
翼展	15.24米
最大起飞重量	19277千克
最大速度	770千米/小时
最大航程	3900千米

美国FJ-1"狂怒"战斗机

制造商:	北美航空公司
生产数量:	30架
首次服役时间:	1948年
主要使用者:	美国海军

　　FJ-1战斗机是美国早期著名的"狂怒"（Fury）系列舰载战斗机的首种型号。虽然FJ-1战斗机的性能优良，但还是不能完全适应舰载的条件，尤其是起落架强度不够。FJ-1战斗机采用单座单发、机头进气的布局，粗壮的机身内能够容纳一台J35轴流式涡轮喷气发动机。

基本参数

机身长度	10.48米
机身高度	4.52米
翼展	11.63米
最大起飞重量	6854千克
最大速度	880千米/小时
最大航程	2414千米

美国YF-12战斗机

制造商:	洛克希德公司
生产数量:	3架
首次服役时间:	未服役
主要使用者:	美国空军、美国国家航空航天局

　　YF-12战斗机是美国空军根据A-12侦察机所发展的战斗机。1969年两架YF-12战斗机转交给美国国家航空航天大局（NASA）的达顿试验中心，以进行更多的高速飞行验证，不过1971年其中一架YF-12战斗机于飞行中发生燃料线路故障引发火灾，两位飞行员不得不跳伞。剩下的一架YF-12A战斗机于1979年转交给美国空军博物馆作为永久展示。

基本参数

机身长度	30.97米
机身高度	5.64米
翼展	16.95米
最大起飞重量	63504千克
最大速度	3661千米/小时
最大航程	4800千米

美国F-14"雄猫"战斗机

制造商:	格鲁曼公司
生产数量:	712架
首次服役时间:	1974年
主要使用者:	美国海军

基本参数	
机身长度	19.1米
机身高度	4.88米
翼展	19.54米
最大起飞重量	33720千克
最大速度	2485千米/小时
最大航程	2960千米

F-14"雄猫"（Tomcat）战斗机是由美国格鲁曼公司研制的舰载双发双座战斗机，专门负责以航空母舰为中心的舰队防空任务。与同时代的战斗机相比，F-14战斗机的综合飞行控制系统、电子反制系统和雷达系统等都非常优秀。其装备的AN/AWG-9远程火控雷达系统功率高达10千瓦，可在120～140千米的距离上锁定敌机。该机还装备了当时独有的资料链，可将雷达探测到的资料与其他F-14战斗机分享，其雷达画面能显示其他F-14战斗机探测到的目标。

早期F-14战斗机只挂载各种空对空导弹，经过改良之后可以携带炸弹、火箭弹、战斗空中侦察吊舱和电子干扰系统等。F-14战斗机选择在固定的翼套上设置左右各一处的挂载点。

小知识

2006年9月，美国海军所有F-14战斗机全部退役，目前只剩下伊朗空军的F-14A战斗机仍在服役。

美国F-15"鹰"式战斗机

制造商：麦克唐纳·道格拉斯公司

生产数量：1198架

首次服役时间：1976年

主要使用者：美国空军

基本参数	
机身长度	19.43米
机身高度	5.68米
翼展	13.03米
最大起飞重量	30800千克
最大速度	3000千米/小时
最大航程	5741千米

　　F-15"鹰"（Eagle）式战斗机是美国麦克唐纳·道格拉斯公司研制的全天候双发战斗机。该机的机动性来自低翼负荷与高推重比，使它能够快速地转向而不丧失速度，武器和飞行控制系统的设计使得它只需要一名飞行员，就能安全而有效地进行空战。该机使用的多功能脉冲多普勒雷达具备较好的下视搜索能力，利用多普勒效应可避免目标的信号被地面噪声所掩盖，能追踪低空距离小型高速目标。

　　F-15战斗机能搭载多种空对空武器，自动化的武器系统和手置节流阀与操纵杆的设计，让飞行员只需使用节流阀杆和操纵杆上的按钮，就可以有效地进行空战。而所有的设定与视觉导引都会显示在抬头显示器上。

小 知 识

　　F-15战斗机的设计思想是替换在越南战场上问题层出的F-4战斗机，要求对1975年之后出现的任何敌方战斗机保持绝对的空中优势。针对夺取和维持空中优势而诞生的F-15战斗机，设计时要求其"没有一磅重量用于对地"。

美国F-16"战隼"战斗机

制造商：通用动力公司（现洛克希德·马丁公司）

生产数量：4604架

首次服役时间：1978年

主要使用者：美国空军

基本参数	
机身长度	15.02米
机身高度	5.09米
翼展	9.45米
最大起飞重量	19187千克
最大速度	2173千米/小时
最大航程	3890千米

F-16"战隼"（Fighting Falcon）战斗机是美国通用动力公司（现洛克希德·马丁公司）为美国空军研制的多功能喷气式战斗机，属于第四代战斗机。该机原先设计为一款轻型战斗机，辅助美国空军主流派心目中的主力战斗机F-15，形成高低配置，后来成功演化为多功能飞机。

F-16战斗机是一种单引擎、多重任务战术飞机，配备有M61"火神"机炮，可装备空对空导弹。如果需要的话，F-16战斗机也可以执行地面支援任务。对于这种任务，它能配备多种导弹或者炸弹。F-16战斗机的优异性能使它在外销市场非常受欢迎，成为现役西方战斗机当中产量最大也是最重要的机种之一。

小知识

由于F-16战斗机的先进性能、多样化的作战能力、充分的改进余地，美国空军计划在21世纪的头25年内继续使用和改进F-16战斗机。

美国YF-17"眼镜蛇"战斗机

基本参数	
机身长度	16.92米
机身高度	4.42米
翼展	10.67米
最大起飞重量	13894千克
最大速度	2120千米/小时
最大航程	4500千米

制造商：诺斯洛普公司

生产数量：2架

首次服役时间：未服役

主要使用者：美国空军

YF-17"眼镜蛇"（Cobra）战斗机是一种轻量级原型战斗机，设计用于美国空军的"轻型战斗机"（LWF）计划。在试飞计划结束之后，第一架原型机曾经在美国国家航空航天局位于爱德华兹空军基地的戴顿飞行研究中心用于海军的阻力测试飞行研究。这架原型机于加利福尼亚州西方飞行博物馆展示，第二架原型机陈列于佛罗里达州的美国海军航空博物馆。该机一共只有两架原型机生产，没有任何一架进入量产与服役阶段。

虽然仅仅是作为技术验证的原型机，但YF-17战斗机翼端两侧各可以携带1枚AIM-9响尾蛇导弹，计划中的设备还包括雷达与AIM-7"麻雀"导弹。此外在机鼻上方装有1门20毫米M61机炮。

小 知 识

1974年6月11日，YF-17战斗机创下美国第一种平飞时不需要后燃器就可以超音速飞行的战斗机纪录。第二架原型机于1974年8月21日首次试飞。

美国F-20"虎鲨"战斗机

制造商:诺斯洛普公司

生产数量:3架

首次服役时间:未服役

主要使用者:美国空军

基本参数

机身长度	14.4米
机身高度	4.2米
翼展	8.53米
最大起飞重量	12474千克
最大速度	2124千米/小时
最大航程	2759千米

F-20"虎鲨"(Tigershark)战斗机是美国诺斯洛普公司以非常畅销的轻型战斗机F-5E为蓝本的改良设计,试图夺取国际轻型战斗机的市场。相较于当时美军战机,F-20战斗机凭借集成电路、微电脑技术等优势,可执行大部分战斗攻击机的作战任务,包括视距外作战、对地攻击等,而且比F-16战斗机还要便宜。

F-20战斗机与F-5战斗机在外观上最大的不同就是发动机的数目,由F-5的两具减少为一具。新的发动机采用与F/A-18战斗机同级的通用电气公司生产的F404涡轮风扇发动机。这个改变不仅仅是更换发动机,还必须修改后机身、涵道与进气口的设计等,以发挥新发动机的性能。

小知识

1986年11月17日,诺斯洛普公司宣布终止F-20战斗机计划,数年之后生产线与机具也全数拆除。目前仅存一架原型机展示于工业与科技博物馆,整个计划花费了12亿美元。

美国F-22"猛禽"战斗机

制造商：洛克希德·马丁公司

生产数量：195架

首次服役时间：2005年

主要使用者：美国空军

基本参数	
机身长度	18.92米
机身高度	5.08米
翼展	13.56米
最大起飞重量	38000千克
最大速度	2410千米/小时
最大航程	4830千米

F-22"猛禽"（Raptor）战斗机是美国空军现役的双发单座隐形战斗机，其主承包商为美国洛克希德·马丁公司，负责设计大部分机身、武器系统和最终组装。该机在设计上具备超音速巡航（不需使用加力燃烧室）、超视距作战、高机动性、对雷达与红外线隐形等特性。F-22战斗机在设计阶段就将维护与可靠度一并考量，以期降低全寿命周期的维修成本与人力需要，可用超音速巡航飞到远方并进行"隐形超视距作战"。洛克希德·马丁公司宣称："F-22战斗机的隐身性能、灵敏性、精确度和态势感知能力结合，组合其空对空和空对地作战能力，使得它成为当今世界综合性能最佳的战斗机。"

小知识

F-22战斗机是世界第一种进入服役的第五代战斗机，主要任务是取得并确保战区的制空权，额外的任务包括对地攻击、电子战和信号情报等。

美国YF-23战斗机

制造商：诺斯洛普公司、麦克唐纳·道格拉斯公司

生产数量：2架

首次服役时间：未服役

主要使用者：美国空军

基本参数	
机身长度	20.6米
机身高度	4.3米
翼展	13.3米
最大起飞重量	29000千克
最大速度	2655千米/小时
最大航程	4500千米

　　YF-23战斗机是20世纪90年代美国诺斯洛普公司和麦克唐纳·道格拉斯公司共同设计，竞标先进战术战斗机（ATF）合约的型号。美国空军于1991年4月23日宣布YF-22战斗机获胜（美国空军后来对YF-22进行局部改进，最后生产出世界上先进的战斗机之一——F-22）。而YF-23战斗机一共只生产了两架原型机，都已经不再飞行。

　　YF-23原型机设计概念与YF-22战斗机有很大不同，除了采用许多现有的零组件之外，YF-23战斗机的试飞计划里面并未包括试射空对空导弹与验证高迎角飞行能力，多是以风洞测试搜集与验证资料。根据测试的结果显示，YF-23战斗机没有迎角限制，飞机能够自任何尾旋（Spin）轻易恢复稳定飞行，只有当导弹舱门呈开启状态时会有困难。YF-23战斗机与YF-22战斗机在大部分的飞行包络线范围下的性能差距不大，YF-22战斗机只有在低速下的控制性略胜一筹。

小知识

YF-23首架原型机（PAV-1）因其黑色外观，被昵称为"黑寡妇"Ⅱ（Black Widow Ⅱ）；第二架原型机（PAV-2）则因灰色外观，而被昵称为"灰魅"（Gray Ghost）。

美国F-35"闪电"Ⅱ战斗机

基本参数	
机身长度	15.7米
机身高度	4.33米
翼展	10.7米
最大起飞重量	31800千克
最大速度	1931千米/小时
最大航程	2220千米

制造商：洛克希德·马丁公司

生产数量：455架以上

首次服役时间：2015年

主要使用者：美国空军、美国海军、美国海军陆战队

F-35"闪电"Ⅱ（Lightning Ⅱ）战斗机是美国洛克希德·马丁公司研制的单座单发多用途战斗机，也是F-22战斗机的低阶辅助机种（因后发优势，F-35战斗机某些方面反而比F-22战斗机先进），主要用于近接支援、目标轰炸、防空截击等多种任务。

F-35战斗机属于具有隐身设计的第五代战斗机，隐身设计借鉴了F-22战斗机的很多技术与经验，其RCS（雷达反射面积）分析和计算，采用整机计算机模拟（综合了进气道、吸波材料/结构等的影响），比F-117A战斗机的分段模拟后合成更先进、全面和精确，同时可以保证飞机表面采用连续曲面设计。F-35战斗机的作战半径超过1000千米，具备超音速巡航能力。与美国以往的战斗机相比，F-35战斗机具有廉价耐用的隐身技术、较低的维护成本，并用头盔显示器完全替代了抬头显示器。

小知识

F-35战斗机将是美国及其盟国在21世纪的空战主力，预计将取代F-16、F/A-18A/B/C/D、A-10以及AV-8B等机型。

英国布里斯托尔F.2战斗机

制造商:	布里斯托尔飞机公司
生产数量:	5329架
首次服役时间:	1917年
主要使用者:	英国陆军航空队

　　布里斯托尔F.2（Bristol F.2）战斗机是英国布里斯托尔飞机公司研制的双座双翼战斗机。F.2战斗机原本设计为支援飞机，但却在一战中被证明是最有效的一种战斗机。最初，英军飞行员被告知F.2战斗机很脆弱，而不敢进行大胆的操作，导致损失惨重。

基本参数

机身长度	7.87米
机身高度	2.97米
翼展	11.96米
最大起飞重量	1474千克
最大速度	198千米/小时
最大航程	593千米

英国F.4"秃鹰"战斗机

制造商:	马丁赛德公司
生产数量:	370架以上
首次服役时间:	1918年
主要使用者:	英国皇家空军

　　F.4"秃鹰"（Buzzard）战斗机是英国马丁赛德公司在一战时生产的F系列战斗机中的最后一个机种，被认为是一战后期英国生产的最好的单座战斗机。该机速度快、机动灵活、爬升率高，英国空军部下了150架订单，但由于发动机交付和生产的延误，最终参战的寥寥无几。

基本参数

机身长度	7.76米
机身高度	2.69米
翼展	9.99米
最大起飞重量	1090千克
最大速度	235千米/小时
最大航程	7320米

英国S.E.5战斗机

制造商:	皇家飞机制造厂
生产数量:	5205架
首次服役时间:	1917年
主要使用者:	英国陆军航空队

　　S.E.5战斗机是由英国皇家飞机制造厂研制的双翼战斗机，它继承了英国皇家飞机制造厂生产的飞机一贯的稳定性好、便于操作等优点，在俯冲和爬升性能上都超过英国索普维斯公司生产的"骆驼"战斗机，即使在持续高强度机动中也不易解体。

基本参数

机身长度	6.38米
机身高度	2.89米
翼展	8.11米
最大起飞重量	902千克
最大速度	222千米/小时
最大航程	483千米

英国"宝贝"战斗机

制造商：	索普维斯飞机公司
生产数量：	286架
首次服役时间：	1915年
主要使用者：	英国皇家空军、英国皇家海军航空队

　　"宝贝"（Baby）战斗机是英国索普维斯飞机公司研制的单座单发双翼战斗机，除英国皇家空军外，英国皇家海军航空队也曾使用该机。英国海军使用的"宝贝"战斗机装备了浮筒，与巡逻艇一起被英国皇家海军用于加强对北海地区德国港口的封锁。

基本参数	
机身长度	7.01米
机身高度	3.05米
翼展	7.82米
最大起飞重量	779千克
最大速度	162千米/小时
最大航程	3050米

英国"幼犬"战斗机

制造商：	索普维斯飞机公司
生产数量：	1770架
首次服役时间：	1916年
主要使用者：	英国陆军航空队、英国皇家空军

　　"幼犬"（Pup）战斗机是英国索普维斯飞机公司研制的单座单发双翼战斗机。由于操纵品质优秀，"幼犬"战斗机深受英国飞行员的喜爱。虽然"幼犬"战斗机于1917年秋季从西线战场退出，但其生产一直持续到1918年以满足英国本土防卫军的需要。

基本参数	
机身长度	5.89米
机身高度	2.87米
翼展	8.08米
最大起飞重量	557千克
最大速度	180千米/小时
最大航程	540千米

英国"骆驼"战斗机

制造商：	索普维斯飞机公司
生产数量：	5490架
首次服役时间：	1917年
主要使用者：	英国陆军航空队、英国海军航空队、英国皇家空军

　　"骆驼"（Camel）战斗机是英国索普维斯飞机公司研制的单座单发双翼战斗机，"骆驼"这一绰号来自机枪后膛驼峰形的整流片。虽然"骆驼"战斗机战斗力较强，但过于苛刻的操作特性对于新手飞行员却是个巨大的考验。

基本参数	
机身长度	5.71米
机身高度	2.59米
翼展	8.53米
最大起飞重量	660千克
最大速度	185千米/小时
最大航程	485千米

战机大百科

英国"飓风"战斗机

"飓风"（Hurricane）战斗机是英国霍克公司研制的单座单发战斗机，除英国外，澳大利亚、新西兰、加拿大、法国、比利时、希腊、爱尔兰等国家也有装备。

"飓风"战斗机的设计在推出时显得有点不合时宜，它使用了霍克公司建造双翼机的技术，以传统机械方式接合和固定而非焊接。该机的金属结构机身和布制蒙皮非常耐用，而且比起"喷火"战斗机的金属蒙皮，"飓风"战斗机的布制蒙皮对爆炸性机炮弹有更高的对抗性，简单的设计也令维修变得更容易。"飓风"战机的典型武器是两门40毫米维克斯机炮和两挺7.7毫米勃朗宁机枪，不同型号的机载武器均有不同。在不列颠空战中，"飓风"战斗机击落的敌机比英军其他任何一种战斗机都多。

制造商：霍克公司
生产数量：14000架
首次服役时间：1937年
主要使用者：英国皇家空军

基本参数

机身长度	9.84米
机身高度	4米
翼展	12.19米
最大起飞重量	3950千克
最大速度	547千米/小时
最大航程	965千米

小知识

"飓风"战斗机维修简便、飞行特性良好，二战后期退居二线后仍在一些环境恶劣、要求高可靠性多于高性能的战场执行任务。

英国"喷火"战斗机

"喷火"（Spitfire）战斗机是英国超级马林公司研制的单发战斗机，是英国在二战中最重要也最具代表性的战斗机之一，也是最主要的单发战斗机。该机采用的新技术包括单翼结构、全金属承力蒙皮、铆接机身、可收放起落架、变矩螺旋桨和襟翼装置等，其综合性能在二战时居于一流水平。

"喷火"战斗机采用了大功率活塞式发动机和良好的气动外形，与同期德国主力机种Bf 109E战斗机相比，该机除航程和装甲等略有不及外，在最大飞行速度、火力，尤其是机动性方面均略胜一筹。"喷火"战斗机有多种翼型，不同翼型的挂载、武器、载弹量都不同。

制造商：超级马林公司
生产数量：20351架
首次服役时间：1938年
主要使用者：英国皇家空军

基本参数

机身长度	9.1米
机身高度	3.9米
翼展	11.2米
最大起飞重量	3100千克
最大速度	602千米/小时
最大航程	1840千米

小知识

"喷火"战斗机是英国在二战中最重要也最具代表性的战斗机，从1936年第一架原型机试飞开始不断地改良，不仅担负英国维持制空权的重大责任，转战欧洲、北非与亚洲等战区，还提供给其他盟国使用。

英国"流星"战斗机

| 制造商：格罗斯特飞机公司 |
| 生产数量：3947架 |
| 首次服役时间：1944年 |
| 主要使用者：英国皇家空军 |

基本参数	
机身长度	13.59米
机身高度	3.96米
翼展	11.32米
最大起飞重量	7121千克
最大速度	965千米/小时
最大航程	965千米

"流星"（Meteor）战斗机是英国格罗斯特飞机公司在二战时研制的喷气式战斗机，是英国首架喷气式战斗机，也是二战期间盟军第一架有实战记录的喷气式战斗机。"流星"战斗机最初的作战任务并不是同德国的先进喷气式战斗机进行空战，而是对付德国V-1导弹。在此后的很长时间里，"流星"战斗机因其良好的机动性和操控性成为最受英国空军喜爱的战机。

该机采用全金属机身，前三点起落架布局和传统平直翼，两具劳斯莱斯涡喷发动机置于机翼中段。"流星"战斗机的设计相当传统，尽管采用了当时革命性的喷气式发动机，但并没有使用诸如后掠翼等利用空气动力学特性的设计。即使是经过大范围重新设计，"流星"战斗机仍旧在跨音速飞行中出现非常不稳定的情况。

小 知 识

20世纪50年代之后，"流星"战斗机开始落伍。随着喷气动力技术与空气动力学的发展，越来越多的国家的喷气战斗机采用后掠翼而不是"流星"战斗机所用的传统平直翼。

英国"暴风"战斗机

制造商:霍克公司

生产数量:1702架

首次服役时间:1944年

主要使用者:英国皇家空军

基本参数	
机身长度	10.26米
机身高度	4.9米
翼展	12.49米
最大起飞重量	6190千克
最大速度	698千米/小时
最大航程	1190千米

"暴风"(Tempest)战斗机是英国霍克公司研制的单座战斗机。该机本来是作为比"喷火"战斗机更先进的战斗机而设计的,但在使用过程中发现爬升率和高空速度并不理想,尤其是在高速俯冲时空气动力特性恶化,俯冲性能得不到完全发挥,在实际中逐渐当成战斗轰炸机和地面攻击机使用。霍克公司从1940年3月开始发展改进型"暴风"战斗机,改变其翼形和减薄机翼可以大幅度提高"暴风"战斗机性能。随即,采用比"暴风"战斗机更接近椭圆的翼形,并在机翼弦长37.5%处减薄14.5%,翼尖减薄10%。改进后的战斗机和最初的"暴风"战斗机外形十分相似,但从机翼的外形和机鼻的长度仍然可以将两者区别。

该机机载武器为4门西斯潘诺20毫米机炮,另可挂载2枚1000千克炸弹。该机的动力装置为1台内皮尔"佩刀"ⅡB水冷发动机,功率为1625千瓦。

小 知 识

"暴风"战斗机曾经多次和德国新式的喷气式飞机进行过空战,据战史记载共击落 Me 262战斗机3架、Arado Ar 234喷气轰炸机3架、Me 262战斗机1架。

英国"吸血鬼"战斗机

"吸血鬼"（Vampire）战斗机是英国德·哈维兰公司研制的喷气式战斗机，是英国继"流星"战斗机之后第二种进入可实用阶段的喷气式战斗机。其拥有多种衍生型号，可用作战斗轰炸机和夜间战斗机，后者带有双人座舱和截击雷达。"吸血鬼"战斗机虽然错过了二战，但是仍然在英国皇家空军中作为一线战斗机到1955年，并继续使用到1966年才退役。

"吸血鬼"战斗机安装了一台英国哈弗德公司生产的H-1型喷气发动机。驾驶舱和"蚊"式轰炸机一样是木质结构。机头下安装了4挺20毫米机炮。驾驶舱和发动机都安装在中央短舱。发动机的进气口则开在左右机翼的根部夹层中，前三点起落架可完全收入机内，这样的设计使得该机的进气口和喷气口都变得很短，使得推力的损失减到最小。

制造商：德·哈维兰公司

生产数量：3268架

首次服役时间：1946年

主要使用者：英国皇家空军、英国皇家海军

基本参数

机身长度	9.37米
机身高度	2.69米
翼展	11.58米
最大起飞重量	5620千克
最大速度	882千米/小时
最大航程	1960千米

英国"毒液"战斗机

制造商：德·哈维兰公司

生产数量：1431架

首次服役时间：1952年

主要使用者：英国皇家空军

"毒液"（Venom）战斗机是英国德·哈维兰公司研制的单发战斗机，作为"吸血鬼"战斗机的后继机型，"毒液"战斗机采用比前者更薄的机翼和推力更大的"幽灵"104涡喷发动机，其机翼在1/4弦长处略微后掠，并装有翼尖油箱。

基本参数	
机身长度	11.21米
机身高度	2.59米
翼展	12.8米
最大起飞重量	7617千克
最大速度	950千米/小时
最大航程	1610千米

英国"猎人"战斗机

制造商：霍克公司

生产数量：1972架

首次服役时间：1954年

主要使用者：英国皇家空军

"猎人"（Hunter）战斗机是英国霍克公司研制的单发高亚音速喷气战斗机，有单座和双座机型，只安装简单的测距雷达，不具备全天候作战能力，但可兼作对地攻击用。该机曾作为英国皇家空军的特技表演用机。

基本参数	
机身长度	14米
机身高度	4.01米
翼展	10.26米
最大起飞重量	11158千克
最大速度	1150千米/小时
最大航程	3060千米

英国"标枪"战斗机

制造商：格罗斯特公司

生产数量：436架

首次服役时间：1956年

主要使用者：英国皇家空军

"标枪"（Javelin）战斗机是英国格罗斯特公司研制的双发亚音速战斗机，是英国研制的第一种三角翼战斗机，也是世界上最早使用三角翼的实用战斗机，主要依靠截击雷达和空对空导弹作战。

基本参数	
机身长度	17.15米
机身高度	4.88米
翼展	15.85米
最大起飞重量	19580千克
最大速度	1140千米/小时
最大航程	1530千米

英国"弯刀"战斗机

制造商：超级马林公司

生产数量：76架

首次服役时间：1957年

主要使用者：英国皇家海军

基本参数

机身长度	16.84米
机身高度	5.28米
翼展	11.33米
最大起飞重量	15515千克
最大速度	1190千米/小时
最大航程	2291千米

"弯刀"（Scimitar）战斗机是英国超级马林公司设计生产的一款喷射战斗机。第一架原型机被赋予508型的编号，于1951年8月底进行首次试飞。

"弯刀"战斗机采用中单翼设计，机翼在1/4弦线处的后掠角度是45度，机翼中间的部分可以向上折起以节省在航空母舰上的储存与操作空间。机翼前端是同样长度的前缘襟翼，为了降低降落速度与保持良好的低速控制，还进一步使用边界层控制技术。水平尾翼有相同的后掠角，位于喷嘴上方，高于机翼的位置上，水平尾翼为全动式，没有另外安装控制面。"弯刀"战斗机的两具发动机位于机身的两侧，有各自的进气口和进气道负责提供稳定的气流。该机的固定武装是4门30毫米阿登机炮，安装在两边进气口的下方。射击后的弹壳和弹链会送回机身内部储存，以免在抛出的过程中损失机身结构。

小知识

"弯刀"战斗机的原型机之一525型原型机，采用全后掠翼设计，于1954年4月首度飞行，当时是英国生产过体型最大的单座战斗机。隔年这架飞机在飞行时因为意外而损失，造成飞行员死亡与两年的延迟。

英国"蚊蚋"战斗机

"蚊蚋"（Gnat）战斗机是英国弗兰德飞机公司研制的单座轻型战斗机。

"蚊蚋"战斗机一反当时追求更快、更高的潮流，而是追求操作灵活、容易整备。由于高推重比和低翼载，加上助力操纵装置的"蚊蚋"战斗机具有相当好的机动性和操纵性。但追求简易性的独特设计也存在一些缺点，如液压助力操纵系统常出故障，襟副翼在飞行时会突然下垂，造成低空飞行时产生致命的低头力矩。该机装有两门30毫米阿登机炮，并可外挂2枚227炸弹或36枚火箭弹。"蚊蚋"战斗机虽在英国皇家空军服役，但是却无特别突出的战功。由于该机续航力差、对地攻击能力不足，所以英国皇家空军并未将其采用为制式战机。

制造商	弗兰德飞机公司
生产数量	449架
首次服役时间	1959年
主要使用者	英国皇家空军

基本参数

机身长度	8.74米
机身高度	2.46米
翼展	6.75米
最大起飞重量	5500千克
最大速度	1120千米/小时
最大航程	800千米

小知识

喷气式技术的进步，是未来军机发展的大势所趋。但源自活塞发动机时代的旧思维依然会反复出现，"蚊蚋"战斗机就是在这样的背景下产生的。

英国"闪电"战斗机

"闪电"（Lightning）战斗机是英国电气公司研制的双发单座喷气式战斗机，是英国唯一完全独自开发，并最终获得正式量产化的超音速战斗机。该机最大的设计特点是在后机身内使两台"埃汶"发动机别出心裁地呈上下重叠安装。

"闪电"战斗机采用机头进气，在后来战斗机型的圆形进气口中央有一个内装火控雷达的固定式调节锥。该机的机翼设计也很独特：前缘后掠60度，并带缺口（作为涡流发生器用），后缘沿着飞机纵轴互为垂直的方向切平。该机的主要武器是两门30毫米阿登机炮，另有4个外挂点可携带炸弹和导弹等武器，包括"火光"短程空对空导弹和"红顶"空对空导弹。

制造商	英国电气公司
生产数量	337架
首次服役时间	1960年7月
主要使用者	英国皇家空军

基本参数

机身长度	16.8米
机身高度	5.97米
翼展	10.6米
最大起飞重量	20752千克
最大速度	2100千米/小时
最大航程	1370千米

小知识

"闪电"战斗机是英国航空工业自行设计并制造过的唯一一种接近两倍音速飞行的双发单座喷气战斗机。在后来与美军的联合演习中，竟多次成功"拦截"在高空飞行的U-2侦察机，为此赢得了军方的青睐。

法国莫拉纳·索尼埃L战斗机

制造商	莫拉纳·索尼埃公司
生产数量	600架
首次服役时间	1914年
主要使用者	法国空军

莫拉纳·索尼埃L（Morane Saulnier L）战斗机是法国莫拉纳·索尼埃公司在1913年研制的单翼多用途战斗机，并在当年12月于巴黎的航空展览上公开。该机在一战爆发后被法国空军当作侦察机用，是第一种在螺旋桨上加上钢铁制子弹偏导片而实现机枪安装在机头并开火的战斗机。

基本参数

机身长度	6.88米
机身高度	3.93米
翼展	11.2米
最大起飞重量	655千克
最大速度	125千米/小时
最大航程	450千米

法国莫拉纳·索尼埃AI战斗机

制造商	莫拉纳·索尼埃公司
生产数量	1210架
首次服役时间	1917年
主要使用者	法国空军

莫拉纳·索尼埃AI（Morane Saulnier AI）战斗机是法国莫拉纳·索尼埃公司在20世纪初研制的单座单发单翼战斗机。该机具有革命性的外形，一度被认为性能超过法国旧式的"斯帕德"和"纽波特"战斗机。

基本参数

机身长度	5.65米
机身高度	2.4米
翼展	8.51米
最大起飞重量	649千克
最大速度	225千米/小时
最大航程	480千米

法国纽波特10战斗机

制造商	纽波特公司
首次服役时间	1915年
生产数量	未知
主要使用者	法国空军

纽波特10（Nieuport 10）战斗机是法国纽波特公司生产的单发双翼战斗机，也可作为侦察机和轰炸机使用。最初服役的纽波特10是双座观察机，但很快就通过简单的改装成为单座战斗机。

基本参数

机身长度	7.09米
机身高度	2.7米
翼展	8.2米
最大起飞重量	658千克
最大速度	139千米/小时
最大航程	250千米

法国纽波特11战斗机

制造商：纽波特公司
生产数量：未知
首次服役时间：1916年
主要使用者：法国空军

纽波特11（Nieuport 11）战斗机是纽波特10.C1战斗机的缩小版，是一战中法军最重要的侦察战斗机。该机以其高速和敏捷性解除了德国福克E战斗机自1915年开始在西部战线对法国造成的巨大空中威胁。

基本参数	
机身长度	5.64米
机身高度	2.4米
翼展	7.52米
最大起飞重量	550千克
最大速度	156千米/小时
最大航程	330千米

法国纽波特17战斗机

制造商：纽波特公司
生产数量：3600架
首次服役时间：1916年
主要使用者：法国空军

纽波特17（Nieuport 17）战斗机是法国在一战时使用的双翼战斗机，由早期的纽波特11战斗机发展而来。纽波特17战斗机加速了法军夺回西部战线制空权的进程。在设计时力求将主要的重量载荷集中于重心附近，并采用气缸旋转空冷发动机，使飞机的机动性能和爬升性能尤为突出，战斗性能优势明显。

基本参数	
机身长度	5.8米
机身高度	2.4米
翼展	8.16米
最大起飞重量	550千克
最大速度	170千米/小时
最大航程	250千米

法国纽波特28战斗机

制造商：纽波特公司
生产数量：约300架
首次服役时间：1918年
主要使用者：美国陆军航空队

纽波特28（Nieuport 28）战斗机是法国纽波特公司研制的单座单发双翼战斗机。该机是首次采用带双支柱的下机翼（弦长几乎和上机翼相等）布局的飞机，一反该公司采用"一倍半"机翼结构的传统。

基本参数	
机身长度	6.5米
机身高度	2.5米
翼展	8.16米
最大起飞重量	560千克
最大速度	198千米/小时
最大航程	349千米

法国"暴风雨"战斗机

制造商：达索航空公司
生产数量：567架以上
首次服役时间：1952年
主要使用者：法国空军

　　"暴风雨"（Ouragan）战斗机是法国达索航空公司在二战后研制的喷气式战斗机，1949年2月首次试飞，1952年开始服役，20世纪80年代退役。除法国空军外，印度、以色列和萨尔瓦多等国家的空军也曾装备。

　　作为达索航空公司生产的第一种喷气式战斗机，虽然"暴风雨"战斗机看上去比较简陋，但是该机使达索航空公司积累了设计喷气式战斗机的经验，尤其是飞机与发动机的匹配问题。从外观上看，"暴风雨"战斗机是典型的第一代喷气式战斗机：纺锤形机体、机头进气、平直下单翼、单垂尾。该机是一种更擅长对地作战的飞机，机身坚固异常，主要武器是2门西斯潘诺20毫米机炮，每门备弹125发。

基本参数	
机身长度	10.73米
机身高度	4.14米
翼展	13.16米
最大起飞重量	5900千克
最大速度	940千米/小时
最大航程	960千米

法国"神秘"战斗机

"神秘"（Mystere）战斗机是法国达索航空公司研制的单座喷气式战斗机，1951年2月首次试飞，1954年开始服役，1963年从法国空军退役。

"神秘"战斗机沿用了"暴风雨"战斗机的机身，但是为了安装机翼，中部做了一些改动，机翼的后掠角从"暴风雨"战斗机的14度增大到30度，机翼厚度也比原来的小。达索航空公司通过逐步完善性能和发展各种用途，使"神秘"战斗机衍生出多种型号，以满足不同的作战要求。以昼间用的战斗轰炸机改型"神秘"ⅣA为例，其机头下装两门30毫米机炮，翼下4个挂架可挂4枚225千克炸弹或4具19孔37毫米火箭发射巢或副油箱。

制造商：	达索航空公司
生产数量：	600多架
首次服役时间：	1954年
主要使用者：	法国空军

基本参数

机身长度	11.7米
机身高度	4.26米
翼展	13.1米
最大起飞重量	7475千克
最大速度	1060千米/小时
最大航程	885千米

小知识

第一批37架"神秘"战斗机的到来可以说是西奈战争的一个前兆。战争爆发之时，第一架"神秘"战斗机投入服役仅6个月，装备该机的也只有区区一个101中队，全部有资格的飞行员为22名。

法国"超神秘"战斗机

"超神秘"（Super Mystere）战斗机是法国研制的第一款真正意义的超音速喷气式战机，也是西欧进入批量生产的第一种超音速战机，于1955年3月首次试飞。除法国空军外，以色列和洪都拉斯等国家的空军也有装备。

"超神秘"战斗机在气动外形上借鉴了美国F-100"超佩刀"战斗机，虽然和"神秘"Ⅱ型战斗机很相似，但实际上是一种全新的飞机。它的机头进气道设计非常独特，正面看像张开的鲶鱼嘴。该机安装带加力燃烧室的阿塔101涡喷发动机，使得平飞速度超过音速。"超神秘"战斗机装有一门双联德发551型30毫米机炮，翼下可选挂907千克火箭弹或炸弹。

制造商：	达索航空公司
生产数量：	约180架
首次服役时间：	1957年
主要使用者：	法国空军

基本参数

机身长度	14.13米
机身高度	4.6米
翼展	10.51米
最大起飞重量	10000千克
最大速度	1195千米/小时
最大航程	1175千米

小知识

虽然说是批量生产，其实"超神秘"战斗机的产量并不高，总共生产了180架左右。该型飞机于1955年3月2日首飞，在第二天的试飞期间就突破了音障。

法国"幻影"Ⅲ战斗机

"幻影"Ⅲ（Mirage Ⅲ）战斗机是法国达索航空公司研制的单座单发战斗机，1956年11月首次试飞，1961年开始服役。该机最初被设计成截击机，但随后就发展成兼具对地攻击和高空侦察的多用途战机。在20世纪60~70年代作为法国空军主力战斗机，并出口多个国家，在二战后世界的各个大小战争和武装冲突中屡试身手，博得各国青睐。

"幻影"Ⅲ战斗机具有操作简单、维护方便的优点，采用无尾翼三角翼单发设计，主要武器为两门固定30毫米机炮，另有7个外挂点，可挂载的武器除了4枚空对空导弹外，通常挂载炸弹、空对地导弹或空对舰导弹等。

制造商：达索航空公司
生产数量：1422架
首次服役时间：1961年
主要使用者：法国空军

基本参数

机身长度	15米
机身高度	4.5米
翼展	8.22米
最大起飞重量	13500千克
最大速度	2350千米/小时
最大航程	2400千米

小知识

"幻影"Ⅲ战斗机在试飞中表现的优异性能使法国空军欣喜若狂，法国空军立即订购了10架预生产型"幻影"ⅢA战斗机。"幻影"ⅢA战斗机比"幻影"Ⅲ原型机足足长了2米。

法国"幻影"F1战斗机

"幻影"F1（Mirage F1）战斗机是法国达索航空公司研制的空中优势战斗机，1966年12月首次试飞，1973年加入法国空军服役。为吸引更多国外客户，达索航空公司在"幻影"F1战斗机的设计上走保守风格，以普通后掠翼设计替换既往"幻影"战机家族常用的三角翼。除法国外，伊朗、利比亚、摩洛哥、希腊、伊拉克、约旦和西班牙等国家也有装备。

"幻影"F1战斗机的机载武器包括两门30毫米机炮，其翼尖可携带两枚"魔术"红外制导空对空导弹，翼下的4个挂架可挂载R530空对空导弹。在执行对地攻击任务时，可在翼下的4个挂架和机身挂架上挂载各种常规炸弹火箭发射器和1200升的副油箱。"幻影"F1战斗机还具备空中加油能力，可有效增加作战距离。

制造商：达索航空公司
生产数量：720架
首次服役时间：1973年
主要使用者：法国空军

基本参数

机身长度	15.3米
机身高度	4.5米
翼展	8.4米
最大起飞重量	16200千克
最大速度	3300千米/小时
最大航程	2338千米

小知识

1973年"赎罪日"战争后，一些阿拉伯国家需要补充战争期间消耗的军备并实现空军装备更新，因此"幻影"F1战斗机当时凭其优异性能及法国作为美国、苏联以外最具实力的航空武器出口国，获得不少阿拉伯国家空军的青睐。

法国"幻影"2000战斗机

"幻影"2000（Mirage 2000）战斗机是法国达索航空公司研制的多用途战斗机，1978年3月首次试飞，可遂行全天候、全高度/全方位、远程拦截任务。

"幻影"2000战斗机重新启用了"幻影"Ⅲ战斗机的无尾三角翼气动布局，是第四代战斗机中唯一采用不带前翼的三角翼飞机，以发挥三角翼超音速阻力小、结构重量轻、刚性好、大迎角时的抖振小和内部空间大以及储油多的优点。得益于航空技术的发展，"幻影"2000战斗机解决了无尾布局的一些局限性，作战性能大幅提升。该机共有9个武器外挂点（其中5个在机身下，4个在机翼下），除了携带4枚空对空导弹外，通常挂载炸弹、空对地导弹或空对舰导弹等。

制造商：达索航空公司
生产数量：601架
首次服役时间：1982年
主要使用者：法国空军

基本参数

机身长度	14.36米
机身高度	5.2米
翼展	9.13米
最大起飞重量	17000千克
最大速度	2530千米/小时
最大航程	3335千米

小知识

在后继机种"阵风"战斗机开始生产后，"幻影"2000战斗机停产。最后一架出厂的"幻影"2000战斗机由希腊空军订购，于2007年11月23日交货。

法国"幻影"4000战斗机

"幻影"4000（Mirage 4000）战斗机是法国的单座双发重型亚音速制空战斗机，由法国达索航空公司于1975年开始独立开发，1979年3月9日首飞。该机在试飞期间显示出来的性能完全能与F-15战斗机匹敌。但是由于采购单价太高、政府订购不足、出口不利等原因，使得计划破灭，最终于1995年运往巴黎，成为勒布尔歇博物馆的永久展品。

该机的设计将"幻影"2000战斗机扩大以容纳两具M53-P2发动机，鸭翼布局，并采用全金属半硬壳结构，门型制动片位于机身两侧进气口，机翼前缘上方；机身、舵、升降副翼、机翼、垂直尾翼、固定前翼都广泛运用了硼和碳纤维复合材料，是世界上第一架采用全复合材料、内置油箱垂尾的战斗机。

制造商：达索航空公司
生产数量：1架
首次服役时间：未服役
主要使用者：法国空军

基本参数

机身长度	18.7米
机身高度	5.8米
翼展	12米
最大起飞重量	32000千克
最大速度	2445千米/小时
最大航程	2000千米

小知识

1980年航展上，"幻影"4000战斗机在飞行表演中完成了一个极小半径转弯，精彩的表演技惊四座。

法国"阵风"战斗机

| 制造商：达索航空公司 |
| 生产数量：196架 |
| 首次服役时间：2001年 |
| 主要使用者：法国空军、法国海军 |

基本参数	
机身长度	15.27米
机身高度	5.34米
翼展	10.8米
最大起飞重量	24500千克
最大速度	2130千米/小时
最大航程	3700千米

"阵风"（Rafale）战斗机是法国达索航空公司研制的双发多用途战斗机，属于第四代战斗机。该机于1986年7月4日首次试飞，是世界上功能最全面的战斗机，不仅海空兼顾，而且空战和对地、对海攻击能力都十分强大。因为其优异的性能表现，和欧洲"台风"战斗机以及瑞典萨博JAS-39战斗机并称为欧洲"三雄"。

"阵风"战斗机装有一门30毫米GIAT 30/719B机炮，备弹125发。该机共有14个外挂点（海军型为13个），其中5个用于加挂副油箱和重型武器，总的外挂能力在9000千克以上。"阵风"战斗机可发射的导弹包括"云母"空对空导弹、"魔术"Ⅱ空对空导弹、"流星"空对空导弹、"风暴之影"巡航导弹、"飞鱼"反舰导弹等，还可携带"阿帕奇"远距离反跑道撒布器、"铺路"系列制导炸弹等。

小 知 识

虽然"阵风"战斗机没有采用第五代战斗机的技术，但比起现代服役的第四代战斗机又采用了大量的先进技术，因而其综合作战性能有了很大提高。

战机大百科

苏联伊-15战斗机

制造商：波利卡尔波夫设计局
生产数量：3300架以上
首次服役时间：1933年
主要使用者：苏联空军

伊-15战斗机是波利卡尔波夫设计局研制的双翼战斗机，初期型号的上机翼为鸥式布置，以便给飞行员提供较好的视野。起落架为固定式。外形比较简洁，某些型号在机轮上还增加了整流罩。

基本参数	
机身长度	6.1米
机身高度	2.2米
翼展	9.8米
最大起飞重量	1415千克
最大速度	350千米/小时
最大航程	500千米

苏联伊-16战斗机

制造商：波利卡尔波夫设计局
生产数量：10292架
首次服役时间：1934年
主要使用者：苏联空军

伊-16战斗机是波利卡尔波夫计局研制的单座单发战斗机，代表了两次世界大战之间空战概念的变化。该机兼有新旧机型的特色，如旧机型的开放式座舱和粗短机身，新机型的下单翼构造和收放式起落架，但总体而言反映了一战时的"缠斗战"思想。

基本参数	
机身长度	6.13米
机身高度	3.25米
翼展	9米
最大起飞重量	2095千克
最大速度	525千米/小时
最大航程	700千米

苏联拉-3战斗机

制造商：拉沃奇金设计局
生产数量：6528架
首次服役时间：1941年
主要使用者：苏联空军

拉-3战斗机是拉沃奇金设计局研制的单座单发活塞式战斗机。与其他苏联战斗机比较，拉-3战斗机的主要优点在于机体结构坚固，早期型号的火力也较强。在二战爆发后逐步取代老式的伊-15和伊-16战斗机成为苏联空军战斗机部队的主要作战机型。

基本参数	
机身长度	8.81米
机身高度	2.54米
翼展	9.8米
最大起飞重量	3190千克
最大速度	575千米/小时
最大航程	1000千米

苏联拉-5战斗机

拉-5战斗机是拉沃奇金设计局研制的单座单发螺旋桨战斗机，是苏联在二战中后期的主力战斗机之一，还常被认为是苏联当时综合表现最优秀的战斗机。

拉-5战斗机机体以木结构为主，以塑料填充和铆接。其最大特色是首创了前缘襟翼的构造，使用后三点式收放式起落架，配三叶式螺旋桨和气泡式座舱，有外露式的无线电天线。拉-5战斗机使用М-82星型十四气缸气冷发动机，配备机械增压器，最大功率为1268千瓦。该机在前机身上方装有两门20毫米机炮，备弹200发，另外翼下可挂载150千克炸弹。

制造商：拉沃奇金设计局
生产数量：9920架
首次服役时间：1942年7月
主要使用者：苏联空军

基本参数

机身长度	8.67米
机身高度	2.54米
翼展	9.8米
最大起飞重量	3265千克
最大速度	648千米/小时
最大航程	765千米

小知识

相对于另一款苏联战时主力战斗机雅克-9因受制于任务性质而毁誉参半的评价，或专司格斗而用途过狭的雅克-3战斗机，性能较均衡的拉-5战斗机几乎是一边倒地受到苏军实战部队的欢迎。

苏联拉-7战斗机

拉-7战斗机是拉沃奇金设计局研制的单座单发战斗机，由拉-5战斗机改进而来。主要结构仍是木材，机身主梁和各舱段隔板为松木，蒙皮为薄胶合板和多层高密度织物压制而成，厚度由机头至机尾为6.8~3.5毫米，其强度优于拉-5战斗机。机头由于要镶上发动机和弹药舱等，故采用铬钼合金钢管焊接的支架，驾驶舱也采用金属钢管焊接的支架结构。座舱玻璃为55毫米厚的有机玻璃。

与拉-5战斗机相比，拉-7战斗机的起飞重量有所降低，空气动力性能得到了改进。因为拉-7战斗机和拉-5战斗机外观上极相似，所以有关战机的书籍多将其一并介绍，但实际上前者的增压器导气管是在左翼翼根中，减少了阻力而速度较快。

制造商：拉沃奇金设计局
生产数量：5753架
首次服役时间：1944年
主要使用者：苏联空军

基本参数

机身长度	8.6米
机身高度	2.54米
翼展	9.8米
最大起飞重量	3315千克
最大速度	661千米/小时
最大航程	665千米

小知识

苏联空军第一个装备拉-7战斗机的是第176近卫战斗机航空团，其指挥官是有名的空战王牌飞行员伊万·阔日杜布，他的62个战果中有17个就是靠拉-7战斗机取得的。

苏联拉-9战斗机

制造商：拉沃奇金设计局
生产数量：1559架
首次服役时间：1946年
主要使用者：苏联空军

　　拉-9战斗机是拉沃奇金设计局在二战后研制的活塞式战斗机。该机基本保持了拉-7战斗机的气动布局和外形特点，主要改进是采用了全金属结构和层流翼形。该机的机载武器为4门NR-23型23毫米机炮，动力装置为1台ASh-82FN活塞发动机，功率为1380千瓦。

基本参数	
机身长度	8.62米
机身高度	2.54米
翼展	9.8米
最大起飞重量	3676千克
最大速度	690千米/小时
最大航程	1735千米

苏联拉-11战斗机

制造商：拉沃奇金设计局
生产数量：1232架
首次服役时间：1950年
主要使用者：苏联空军

　　拉-11战斗机是拉沃奇金设计局研制的单座单发战斗机，是苏联最后的活塞式战斗机，主要任务是为轰炸机护航。拉-11战斗机与拉-9战斗机的机体结构基本相同，主要改进是增大了机内燃油储量，机载武器改为三门NR-23型23毫米机炮。

基本参数	
机身长度	8.63米
机身高度	2.8米
翼展	9.8米
最大起飞重量	3996千克
最大速度	674千米/小时
最大航程	2550千米

苏联雅克-1战斗机

制造商：雅克列夫设计局
生产数量：8700架
首次服役时间：1940年
主要使用者：苏联空军

　　雅克-1战斗机是雅克列夫设计局研制的单座单发螺旋桨战斗机，是雅克系列战斗机的第一种型号，也是苏联在临近二战爆发时投产的一系列战斗机中最成功的一种。雅克-1战斗机的操纵性出色，对飞行员技术水平要求不高，大多数飞行员在经过30~50小时的初级飞行训练后即可直接驾驶。

基本参数	
机身长度	8.5米
机身高度	2.64米
翼展	10米
最大起飞重量	2883千克
最大速度	592千米/小时
最大航程	700千米

苏联雅克-3战斗机

制造商：雅克列夫设计局

生产数量：4848架

首次服役时间：1944年

主要使用者：苏联空军

基本参数	
机身长度	8.5米
机身高度	2.39米
翼展	9.2米
最大起飞重量	2692千克
最大速度	655千米/小时
最大航程	650千米

雅克-3战斗机是雅克列夫设计局研制的单座单发螺旋桨战斗机，1941年4月首次试飞。因德国空军的轰炸以及苏联将工厂设备撤退至后方等种种原因，使得雅克列夫设计局优先推出与雅克-1战斗机相近的简化版雅克-9战斗机，而雅克-3战斗机直到1944年才开始生产并装备部队。雅克-3战斗机是苏联在二战后期是空战性能最高的战斗机，常被认为是整个二战中最灵活和敏捷的战斗机，还是被改造成苏联第一种量产的喷射战斗机雅克-15的母体。

雅克-3战斗机以雅克-1M战斗机作为蓝本，主要作为5000米高度以下的制空战斗机，为减少风阻而把机头下方的滑油器冷却口改设于主翼两侧根部位置，机身下方的冷却器也重新设计为更具流线型，翼展也有小幅度缩短，这使得雅克-3战斗机比雅克-1战斗机更加小巧轻快。

小 知 识

1944年7月14日，刚编成的雅克-3战斗机中队（共18架）迎战30架Bf 109战斗机，一共击落15架敌机而本队无一损失。因此，当时德军中流传着"避免在5000米以下，与机首无油冷器的雅克战斗机交战"的告诫。

苏联雅克-7战斗机

制造商：雅克列夫设计局
生产数量：6399架
首次服役时间：1942年
主要使用者：苏联空军

　　雅克-7战斗机原本是雅克列夫设计局在雅克-1战斗机的基础上发展而来的双座教练机。雅克列夫设计局在雅克-7战斗机驾驶舱后面的机身上制作了一个折叠式的空间，这是教练机留下来的设计。这个空间有多种用途，可载运货物、运送士兵或放置备用燃料等，这大大增加了雅克-7战斗机的使用范围。

基本参数	
机身长度	8.48米
机身高度	2.75米
翼展	10米
最大起飞重量	2935千克
最大速度	571千米/小时
最大航程	643千米

苏联雅克-9战斗机

制造商：雅克列夫设计局
生产数量：16769架
首次服役时间：1942年
主要使用者：苏联空军

　　雅克-9战斗机是雅克列夫设计局研制的单座单发战斗机，是苏联在二战中生产数量最多的战斗机之一。该机是根据作战经验自雅克-7战斗机改良而来的，主要特征是完全使用气泡式封闭座舱，可以很明显地与早期的雅克-1战斗机相区别。

基本参数	
机身长度	8.55米
机身高度	3米
翼展	9.74米
最大起飞重量	2350千克
最大速度	591千米/小时
最大航程	1360千米

苏联雅克-15战斗机

制造商：雅克列夫设计局
生产数量：280架
首次服役时间：1947年
主要使用者：苏联空军

　　雅克-15战斗机是雅克列夫设计局研制的亚音速单座喷气式战斗机，也是苏联的第一款喷气式战斗机。但雅克-15战斗机是一款拼凑而来的产品，存在诸多缺陷，所以没有大批量生产。

基本参数	
机身长度	8.7米
机身高度	3.2米
翼展	9.2米
最大起飞重量	2638千克
最大速度	786千米/小时
最大航程	510千米

苏联雅克-38战斗机

雅克-38是雅克列夫设计局研制的舰载垂直起降战斗机，原型机于1971年开始试飞，主要用于对地面和海面目标实施低空攻击，并具有一定的舰队防空能力。

该机是专门为在"基辅"级航空母舰上使用而设计的，采用升力发动机与旋转喷口发动机结合的组合方案，升力发动机除用于垂直升降外，也可用于调节俯运动和配平。为了能在印度洋、太平洋和地中海全年使用，雅克-38战斗机是以国际标准大气加15摄氏度的大气条件为标准设计的，采用升力发动机和转喷口发动机相结合的方案布局。由于采用一套自动控制系统保证飞机起飞时升力发动机的工作状态及推力转向后喷口的旋转角度处于最佳情况，因此这种战斗机已经具备短距离起飞的能力，从而使有效载荷和航程得到改善。

制造商：雅克列夫设计局
生产数量：231架
首次服役时间：1976年
主要使用者：苏联海军

基本参数

机身长度	16.37米
机身高度	4.25米
翼展	7.32米
最大起飞重量	11300千克
最大速度	1280千米/小时
最大航程	1300千米

小知识

在雅克-38战斗机长达15年的服役期间里，一共坠毁了36架，不过并没有人员死亡。

苏联米格-3战斗机

米格-3战斗机是米高扬设计局研制的单座活塞战斗机，1940年10月首次试飞。米格-3战斗机的设计目标是为了进行高空空战，是当时苏联红军最现代化的高空高速战斗机，也是世界上最好的高空高速战斗机之一，是战争初期苏德战场上的主力战斗机之一，在莫斯科保卫战等重大战役中表现突出。不过由于作战环境的限制，该机的作战潜力并没有完全发挥出来。

米格-3战斗机以木材和金属为主要结构材料，单座舱位于中后部，机翼装有自动前缘缝翼，起落架为可收放后三点式。装1台功率为992.23千瓦活塞发动机，装备2挺7.62毫米机枪和1挺12.7毫米机枪，机翼下可挂6枚100千克炸弹或6枚火箭弹。

制造商：米高扬设计局
生产数量：3422架
首次服役时间：1941年
主要使用者：苏联空军

基本参数

机身长度	8.25米
机身高度	3.3米
翼展	10.2米
最大起飞重量	3355千克
最大速度	640千米/小时
最大航程	820千米

小知识

芬兰曾经向德国订购了70架德国陆军在"巴巴罗萨"行动中缴获的米格-3战斗机，但德国一直没有交付，因此芬兰空军实际上从没有使用米格-3战斗机参加过战斗。

苏联米格-9战斗机

米格-9战斗机是米高扬设计局研制的双发喷气式战斗机，1946年4月首次试飞。

该机采用中单翼，水平尾翼的位置位于机背上方，高于机翼。机首进气，发动机安装在机身下方，排气口位于机身中段偏后的部位，与现在常见位于机尾的排气口有很大的差别。米格-9战斗机的动力装置为两台RD-20喷气发动机，单台推力为7.8千牛。机载武器包括1门37毫米机炮（备弹40发）和2门23毫米机炮（每门备弹80发）。虽然米格-9战斗机的速度快，升限高，但它也存在早期喷气式战斗机的缺陷，出动性、可靠性、机动性都有不足。尽管如此，米格-9战斗机的研制提升了喷气时代的很多气动、操控、设计、制造上的特点，是苏联航空工业的里程碑。

制造商：米高扬设计局
生产数量：610架
首次服役时间：1946年
主要使用者：苏联空军

基本参数

机身长度	9.75米
机身高度	2.59米
翼展	10米
最大起飞重量	5501千克
最大速度	910千米/小时
最大航程	1100千米

小 知 识

米格-9战斗机是米高扬设计局进入喷气时代第一个较成功的尝试，为下一步设计更好的喷气式战斗机奠定了坚实的基础。

苏联米格-15战斗机

米格-15战斗机是米高扬设计局研制的高亚音速喷气式战斗机，1947年12月首次试飞，是苏联第一代喷气式战斗机中的杰出代表，具有光滑的机身外形。

米格-15是苏联第一种实用的后掠翼飞机，已初具现代喷气式飞机的雏形。采用机头进气模式，机身上方为水泡形座舱盖，内有弹射座椅。机翼位于机身中部靠前，后掠角35度，带四枚翼刀。在机翼前缘放有一定量的铅，以降低机翼对扭曲刚性的需求。该机安装了1门37毫米机炮和2门23毫米机炮，翼下还可以挂载2枚100千克炸弹或副油箱。由于没有装备雷达，米格-15战斗机不具备全天候作战能力。除了航程较短外，米格-15战斗机拥有当时最先进的性能指标。由于米格-15战斗机的出色表现，在活塞式战斗机时代默默无闻的米高扬设计局也因此扬名立万。

制造商：米高扬设计局
生产数量：13130架
首次服役时间：1949年
主要使用者：苏联空军

基本参数

机身长度	10.1米
机身高度	3.7米
翼展	10.1米
最大起飞重量	6105千克
最大速度	1075千米/小时
最大航程	1310千米

小 知 识

米格-15战斗机虽然因操控不稳、常在飞行中无预警地翘起机首或水平打转而获得"飞行陷阱"的称谓，但是相对于美国当时主力的F-86战斗机，米格-15战斗机仍然拥有较优秀的爬升力、最大升限与加速能力。

苏联米格-17战斗机

米格-17战斗机是米高扬设计局研制的单发战斗机，1949年12月开始试飞。除了苏联以外还授权大量共产主义国家进行量产，因此有众多不同的衍生型。

米格-17战斗机采用中单翼设计，起落架可伸缩。机身结构为半硬壳全金属结构。座舱采用了加压设计，气压来源由发动机提供。前方和后方有装甲板保护。前座舱罩是65毫米厚的防弹玻璃。紧急时飞行员可以使用弹射椅脱离。米格-17战斗机的武器包括1门37毫米N-37机炮（备弹40发）和2门23毫米NR-23机炮（每门备弹80发），3门机炮都装在机首进气口下面。米格-17战斗机的航空电子设备包括SRO-1敌我识别器、OSP-48仪器降落系统、ARK-5无线电测向仪、RW-2无线电高度计和MRP-48P收发机等。

制造商：	米高扬设计局
生产数量：	10649架
首次服役时间：	1952年
主要使用者：	苏联空军

基本参数

机身长度	11.26米
机身高度	3.8米
翼展	9.63米
最大起飞重量	5932千克
最大速度	1114千米/小时
最大航程	1290千米

小知识

为了记录武器射击效果，米格-17战斗机还装有一台S-13摄影机。此外，一些飞机还装有一台潜望镜来观察背后的情况。

苏联米格-19战斗机

米格-19战斗机是米高扬设计局研制的双发喷气式超音速战斗机，1953年9月首次试飞，气动外形与米格-15战斗机、米格-17战斗机一脉相承。

该机的机身蒙皮材质为铝质，尾喷口附近使用少量钢材。采用后掠翼设计，机翼前缘后掠角为58度，在离翼尖约1/4处变为55度，两翼上各有一具高32厘米的翼刀。米格-19战斗机采用机头进气设计，部分机型在进气口上方有装有雷达的锥形整流罩，或在进气口内有整流锥。不同标准的米格-19战斗机使用不同的发动机，为莫斯科图曼斯基设计局（今俄罗斯航空发动机科技联合体）的RD系列。米格-19战斗机的固定武器是1门机首机炮与2门机翼机炮，口径从23~30毫米不等。有4个各可挂1枚导弹或2枚火箭弹的翼下挂架，可挂载R-3空对空导弹，也可挂载S-5系列火箭弹。

制造商：	米高扬设计局
生产数量：	2172架
首次服役时间：	1955年
主要使用者：	苏联空军

基本参数

机身长度	12.5米
机身高度	3.9米
翼展	9.2米
最大起飞重量	7560千克
最大速度	1455千米/小时
最大航程	2200千米

小知识

米格-19战斗机的双发动机给保养带来了一定困难，同时不利于战斗机快速启动。标准的启动程序是先点燃一台发动机，再点燃另一台发动机，但发动机的启动顺序必须由风向决定，否则后一个发动机会因进气量不足而无法启动。

苏联/俄罗斯米格-21战斗机

米格-21战斗机是米高扬设计局研制的单座单发战斗机，1955年原型机试飞。

米格-21战斗机是一种设计紧凑、气动外形良好的轻型战斗机，采用三角形机翼、后掠尾翼、细长机身、机头进气道、多激波进气锥。该机具有轻便和善于缠斗的优点，而且价格也较为便宜，适合大规模生产。该机有二十余种改型，除几种试验用改型外，其余的外形尺寸变化不大，虽然重量不断增加，但同时也换装推力加大的发动机，因而飞行性能差别不大。米格-21战斗机除了速度快、减速性能好外，其机动性能不好，加上机载设备过于简单，武器挂载能力过小和航程过短，因而作战能力有限。

制造商：米高扬设计局
生产数量：11496架以上
首次服役时间：1959年
主要使用者：苏联/俄罗斯空军

基本参数

机身长度	15.4米
机身高度	4.13米
翼展	7.15米
最大起飞重量	9100千克
最大速度	2125千米/小时
最大航程	1580千米

小知识

因米格-21战斗机独特的外形，苏联飞行员曾称它为"三角琴"，波兰人则称它为"铅笔"。

苏联/俄罗斯米格-23战斗机

米格-23战斗机是米高扬设计局研制的多用途超音速战斗机，1967年6月首飞，是苏联第二种变后掠翼超音速战斗机。该机的设计思想中强调较大的作战半径、在多种速度下飞行的能力、良好的起降性与优良的中低空作战性能。

米格-23战斗机采用变后掠翼设计，气动外形借鉴了美国F-111战斗轰炸机。该机的航空电子系统具有典型的苏式风格，在制造中使用了大量的电子管和晶体管，导致雷达体积庞大、重量超标、耗电量大，而功能与精度不足，但是有较好抗干扰能力。米格-23战斗机的固定武器是1门GSh-23机炮，备弹200发，重52千克。有2个各可挂1枚导弹的翼下挂架，两侧进气道下也各有1具可挂2枚导弹的APU-60/2型挂架。

制造商：米高扬设计局
生产数量：5047架
首次服役时间：1970年
主要使用者：苏联/俄罗斯空军

基本参数

机身长度	16.7米
机身高度	4.82米
翼展	13.97米
最大起飞重量	18030千克
最大速度	2445千米/小时
最大航程	2820千米

小知识

在20世纪70~80年代，米格-23战斗机在价格上与其他同时代战斗机相比更具有竞争力。一架米格-23战斗机的价格为360万~660万美元。

苏联/俄罗斯米格-25战斗机

米格-25战斗机是米高扬设计局研制的高空高速截击机，1964年3月首次试飞，曾打破多项飞行速度和飞行高度世界纪录，是世界上闯过"热障"仅有的三种有人驾驶飞机之一。

米格-25战斗机在设计上强调高空高速性能，为了保证能够承受住高速带来的高温，机体大量采用了不锈钢结构，但这样的高密度材料却给米格-25战斗机带来了更大的重量和更高的耗油量，而且机体本身的高重量也限制了其载弹量。米格-25战斗机在装备苏军初期由于其极高的性能参数，一直为西方国家所关注，西方甚至以此推测苏联的军用航空制造技术已经领先于世界。直到1976年后，西方国家才真正揭开了该机的神秘面纱。

| 制造商：米高扬设计局 |
| 生产数量：1186架 |
| 首次服役时间：1970架 |
| 主要使用者：苏联/俄罗斯空军 |

基本参数

机身长度	19.75米
机身高度	6.1米
翼展	14.01米
最大起飞重量	41000千克
最大速度	3600千米/小时
最大航程	2575千米

小知识

1961年，米格-25原型机在试验中创造了在22670米的升限以3000千米/小时飞行的世界纪录，当时世界上任何一架飞机都无法达到这一性能。

苏联/俄罗斯米格-29战斗机

米格-29战斗机是米高扬设计局研制的双发高性能制空战斗机，1977年10月首次试飞。米格-29战斗机最初是作为空中优势战斗机研制的，后期的改进型号逐步具有了空对地攻击和反舰能力。

米格-29战斗机机身结构主要由铝合金组成，部分机身加强隔框使用了钛材料，以适应特定的强度和温度要求，另外少量采用了铝锂合金部件。该机的油箱可在机场条件下修理，因为该结构补焊后无须热处理工序。机身有四条纵向主梁，两条位于发动机之间，另两条分别在发动机外侧。靠外的两条主梁向后延伸出机身范围，作为平尾的安装支撑点。米格-29战斗机上采用的复合材料约占整机的4%，少于西方第三代战斗机的比例，主要分部在平尾、副翼、襟翼和方向舵面上。头部雷达罩为介电质复合材料。

| 制造商：米高扬设计局 |
| 生产数量：1600架以上 |
| 首次服役时间：1982年 |
| 主要使用者：苏联/俄罗斯空军、苏联/俄罗斯海军 |

基本参数

机身长度	17.32米
机身高度	4.73米
翼展	11.36米
最大起飞重量	20000千克
最大速度	2400千米/小时
最大航程	1500千米

小知识

1987年8月，隶属于苏联空军的米格-29战斗机击落了4架试图攻击阿富汗总统官邸的阿富汗反对派的苏-22攻击机。

苏联/俄罗斯米格-31战斗机

米格-31战斗机是米高扬设计局研制的双座全天候战斗机，1975年9月首次试飞。该机拥有推力超强的动力系统与能盖过干扰反制的超强功率雷达，且因机身尺寸较大，直到21世纪都还能接受各种升级改装。

米格-31战斗机由米格-25战斗机发展而来，两者气动外形相近，采用上单翼、双垂尾、两侧进气道。进气口采用楔形，下唇由铰接板组成，有大的辅助进气门，可自动控制激波的最佳位置和进气量。因此发动机较为不易发生喘振和熄火，克服了在亚音速范围内耗油率大的缺点。该机结构强度有所加强，适应于低空超音速飞行，具有拦截包括巡航导弹在内的多种入侵目标的能力。米格-31战斗机的特点是速度快、火力强。有报道指出，俄罗斯因为难以大量购买苏-35战斗机与苏-57战斗机，所以加紧改造米格-31战斗机。

制造商：	米高扬设计局
生产数量：	519架
首次服役时间：	1981年
主要使用者：	苏联/俄罗斯空军

基本参数

机身长度	22.69米
机身高度	6.15米
翼展	13.46米
最大起飞重量	46200千克
最大速度	3255千米/小时
最大航程	3300千米

小知识

2011年9月6日6时41分，俄罗斯国防部新闻局局长科纳申科夫确认俄罗斯空军一架米格-31战斗机当天在彼尔姆边疆区坠毁，两名飞行员遇难。

俄罗斯米格-35战斗机

米格-35战斗机是米高扬设计局（现俄罗斯联合航空制造公司）研制的多用途喷气式战斗机，2007年首次试飞，在战机世代上为第四代战机。2009年原计划生产10架原型机，接受各方面测试。2017年1月27日，最新型多用途战斗机米格-35亮相，开始接受国家级测试。

米格-35战斗机的设计目标是不进入敌方的反导弹区域，对敌方地上和水上的高精准武器进行有效打击。该机配备了智能化座舱，装有液晶多功能显示屏。米格-35战斗机的航空电子设备比较先进，装备了全新的相控阵雷达，其火控系统中还整合了经过改进的光学定位系统，可在关闭机载雷达的情况下对空中目标实施远距离探测。机载武器方面，该机配有1门30毫米机炮，用于携带导弹和各型航弹的外挂点为9个，总载弹量为6000千克。

制造商：	米高扬设计局
生产数量：	8架
首次服役时间：	2019年
主要使用者：	俄罗斯空军

基本参数

机身长度	17.3米
机身高度	4.7米
翼展	12米
最大起飞重量	29700千克
最大速度	2600千米/小时
最大航程	2000千米

小知识

在印度的130架军机采购案中，米格-35战斗机一度入选，但2011年印度宣布将采购欧洲战机，这导致米格-35战斗机的批量生产计划一度被取消。

苏联苏-9战斗机

苏-9战斗机是苏霍伊设计局于20世纪50年代研制的单座单发全天候战斗机,1956年6月24日首次试飞。苏-9战斗机是50年代末到60年代中期苏联国土防空军最重要的战斗机之一,解决了防空军配备空对空导弹而又达到"双两"(即两马赫、两万米)的截击机的燃眉之急。

由于受导弹制胜论的影响,苏-9战斗机未装备机炮,其RP-9U火控雷达可在17~20千米距离上探测到中等尺寸的目标,机翼前伸发射梁可携带4枚RS-2空对空导弹。苏-9战斗机的高空高速性能较好,成为苏联防空部队首批具备拦截美制U-2高空侦察机能力的飞机。不过在服役期间,苏军飞行员对其评价不高,主要是难以操作和事故率较高。

制造商:苏霍伊设计局
生产数量:1150架
首次服役时间:1959年
主要使用者:苏联防空军

基本参数

机身长度	17.37米
机身高度	4.88米
翼展	8.43米
最大起飞重量	13500千克
最大速度	2135千米/小时
最大航程	1125千米

小知识

20世纪50年代末到60年代初,U-2侦察机屡屡侵入苏联领空,当时苏-9战斗机和苏-7战斗机是苏联仅有的能达到U-2侦察机高度的两种战斗机。

苏联/俄罗斯苏-15战斗机

苏-15战斗机是苏霍伊设计局研制的双发喷气战斗机,1962年5月首次试飞,直到20世纪90年代一直是前沿部署的战斗机。70年代末期,苏-15战斗机是苏联高度保密的机种之一,只配置在苏联本土,没有进驻华约其他国家,也未出口。

苏-15战斗机装备1门23毫米双管机炮,备弹200发。机翼下共有4个外挂点,可挂装R-9(AA-3"阿纳布")红外制导或雷达制导空对空导弹、R-60(AA-8"蚜虫")红外制导近距空对空导弹,还可挂载其他武器或副油箱。动力装置为2台R-13-300涡轮喷气发动机,单台最大推力约65千牛,加力推力为70千牛。苏-15战斗机在作战半径上略有不足,其他方面都被证明是极其优秀的。

制造商:苏霍伊设计局
生产数量:1290架
首次服役时间:1965年
主要使用者:苏联/俄罗斯空军

基本参数

机身长度	19.56米
机身高度	4.84米
翼展	9.34米
最大起飞重量	10874千克
最大速度	2230千米/小时
最大航程	1700千米

小知识

苏-15战斗机生涯的终止相当突然,不是自然退役,而是由于欧洲裁军协议对俄罗斯允许拥有战术飞机总数的规定,自然更新的米格-29战斗机、苏-27战斗机得以保存,而较老的苏-15战斗机只能退役。

苏联/俄罗斯苏-27战斗机

苏-27战斗机是苏霍伊设计局研制的单座双发重型战斗机，1977年5月首次试飞。该机除了担任空中优势任务的机型之外，还有其他多种任务的衍生型。

苏-27战斗机是应苏军对有远距续航能力与大载弹量的战斗机的需求而设计的，属于第四代战机，主要假想敌是美国F-15战斗机，设计要求航程远、载弹量大以及很高的操控灵活性。该机采用翼身融合体技术，悬壁式中单翼，翼根外有光滑、弯曲、前伸的边条翼，双垂尾正常式布局，楔形进气道位于翼身融合体的前下方，有很好的气动性能。苏-27战斗机装有1门30毫米GSh-30-1机炮，备弹150发。该机可携带的导弹包括R-27（AA-10"白杨"）空对空导弹、R-73（AA-11"射手"）空对空导弹等，还可携带多种炸弹。

制造商：苏霍伊设计局
生产数量：809架
首次服役时间：1985年
主要使用者：苏联/俄罗斯空军、俄罗斯海军航空队

基本参数

机身长度	21.94米
机身高度	5.93米
翼展	14.7米
最大起飞重量	33000千克
最大速度	2876千米/小时
最大航程	3790千米

小知识

1989年巴黎航展上，低速冲场的苏-27S战斗机猛然抬头，攻角（流体力学名词）达到110度，以机尾朝前的姿态前进约1.5秒而后回到平飞状态，几乎没有高度变化。这一动作酷似准备攻击前的眼镜蛇，被称作"眼镜蛇动作"。

苏联/俄罗斯苏-30战斗机

苏-30战斗机是苏霍伊设计局研制的多用途重型战斗机，1989年12月首次试飞。该机为双发双座设计，外形与苏-27战斗机非常相似。

苏-30战斗机的油箱容量较大，具有长航程的特性，而且还具备空中加油能力。该机具有超低空持续飞行能力、极强的防护能力和出色的隐身性能，在缺乏地面指挥系统信息时仍可独立完成歼击与攻击任务，其中包括在敌方纵深执行战斗任务。苏-30战斗机能够承担全范围的战术打击任务，包括夺取空中优势、防空作战、空中巡逻及护航、压制敌方防空系统、空中拦截、近距空中支援以及对海攻击等。此外，苏-30战斗机还具备空中早期预警、指挥和调控己方机群进行联合空中攻击的能力。

制造商：苏霍伊设计局
生产数量：630架以上
首次服役时间：1996年
主要使用者：苏联/俄罗斯空军

基本参数

机身长度	21.935米
机身高度	6.36米
翼展	14.7米
最大起飞重量	34500千克
最大速度	2120千米/小时
最大航程	3000千米

小知识

1992年4月14日，第一架批生产型苏-30战斗机由试飞员布兰诺夫和马克西缅科夫完成首飞后，俄罗斯已经没有资金为军队添置新的技术装备了。2000年以前，俄罗斯一共只制造了5架生产型苏-30，它们被交付给萨瓦斯列依卡的"空军飞行员战斗使用和改装训练中心"。

苏联/俄罗斯苏-33战斗机

苏-33战斗机是苏霍伊设计局研制的单座多用途舰载战斗机，是由苏-27战斗机所衍生出来的舰载机种之一，于1987年8月17日首次飞行，在战机世代上为第四代战机。

苏-33战斗机主要部署于俄军唯一的现役航空母舰"库兹涅佐夫"号上。由于"库兹涅佐夫"号航空母舰采用滑跃甲板而非与美国航空母舰一样使用弹射器，故需要依赖本身动力起飞，起飞时不能满载油弹（为了避免飞离甲板的瞬间机身过重而翻覆）是苏-33战斗机的致命缺陷，故无法与美国海军战斗机一样能执行远洋作战。苏-33战斗机在执行舰队防空作战任务时主要依靠导弹武器系统进行空中作战，在空对空导弹方面，苏-33战斗机可以使用R-27中距离空对空导弹和R-73近距离格斗空对空导弹，在对海攻击武器方面，苏-33战斗机可以使用新型的Kh-41大型超音速反舰导弹。

制造商：苏霍伊设计局
生产数量：35架
首次服役时间：1998年
主要使用者：俄罗斯海军

基本参数

机身长度	21.94米
机身高度	5.93米
翼展	14.7米
最大起飞重量	33000千克
最大速度	2300千米/小时
最大航程	3000千米

小知识

俄军在未来打算以新建造的米格-29KR战斗机取代苏-33战斗机，因此早期的苏-33战斗机也因为缺乏升级，逐渐无法适应现代化战争，所以被俄罗斯除役。

苏联/俄罗斯苏-35战斗机

苏-35战斗机是苏霍伊设计局研制的单座双发多用途重型战斗机，它是在苏-27战斗机基础上深度改进而来的，属于第四代半战机。其原型机苏-27M于1988年6月首次试飞，正式命名为苏-35后于2008年2月首次试飞。

除了三翼面设计带来的绝佳气动力性能外，苏-35战斗机最大的亮点在于航空电子设备，着力提升自动化、计算机化、人性化、指管通情能力等，与同时期西方研发的新世代战机的航空电子设计理念相同。大幅提升航空电子性能的结果是重量增加，必须有其他改良才能避免机动性、加速性、航程的下降。因此，苏-35战斗机除了使用前翼提升操控性外，还装备更大推力的发动机，主翼与垂尾内的油箱也相应增大。整体来说，苏-35战斗机在机动性、加速性、结构效益、航空电子性能各方面都全面优于苏-27战斗机。

制造商：苏霍伊设计局
生产数量：116架
首次服役时间：2014年
单位造价：俄罗斯空军

基本参数

机身长度	22.2米
机身高度	6.43米
翼展	15.15米
最大起飞重量	34000千克
最大速度	2450千米/小时
最大航程	4000千米

小知识

2016年1月30日，叙利亚内战期间，俄罗斯在叙利亚拉塔基亚部署了4架苏-35S战斗机。俄军总参谋部军官称俄军决定在战斗条件下，对苏-35战斗机进行测试。

俄罗斯苏-47战斗机

制造商：苏霍伊航空集团
生产数量：1架
首次服役时间：未服役
主要使用者：俄罗斯空军

基本参数	
机身长度	22.6米
机身高度	6.3米
翼展	16.7米
最大起飞重量	35000千克
最大速度	2600千米/小时
最大航程	4000千米

　　苏-47战斗机是苏霍伊航空集团研发的超音速试验机，于1997年9月25日首次试飞，2000年1月投入使用。该机基本上是用于科技展示，为俄罗斯下一代战斗机打下基础。

　　苏-47战斗机的机身横截面为椭圆形，全机主要由钛铝合金建造，复合材料的比例为13%。该机采用前掠机翼设计，有明显的机翼翼根边条和较长的机身边条，从而大幅降低阻力并减少雷达反射信号。苏-47战斗机在亚音速飞行时有着极高的灵敏度，能够快速地改变迎角与飞行路径，在超音速飞行时也可保持高机动性。苏-47战斗机的高转向率能让飞行员迅速地将战斗机转向下个目标，并展开导弹攻击。

小知识

　　自2002年编号改为苏-47之后，外界纷纷猜测该机即将进入量产，不过在俄罗斯空军确定采用苏-57为下一代战机后，苏-47已经停止研发。

俄罗斯苏-57战斗机

制造商：苏霍伊航空集团

生产数量：9架

首次服役时间：2020年

主要使用者：俄罗斯空军、俄罗斯海军

基本参数	
机身长度	19.8米
机身高度	4.8米
翼展	14米
最大起飞重量	37000千克
最大速度	2600千米/小时
最大航程	5500千米

　　苏-57战斗机是苏霍伊航空集团主导，在未来战术空军战斗复合体（PAK FA）计划下开发、生产的高性能多用途战机。作为第五代战机，其原型机于2010年1月29日进行了首次试飞。

　　苏-57战斗机的隐身手段主要为大量使用复合材料、采用优异的气动布局和抑压发动机特征等，其雷达、光学及红外线特征都较小。据称苏-57战斗机的隐身性能比美国F-22战斗机要差，以换取比F-22战斗机更高的机动性。目前，苏-57战斗机的详细资料仍然处于保密状态。不过俄罗斯军方宣称苏-57战斗机拥有隐身性能，并具备超音速巡航的能力，且配备有主动电子扫描雷达及人工智能系统，能满足下一代空战、对地攻击及反舰作战等任务的需要。

小知识

　　2002年，苏霍伊航空集团在融合苏-47和米格-1.44两款机型的技术后，制造出了T-50原型机。虽然T-50战斗机的研制计划比F-22战斗机还早两年，但由于经费紧缺，其首飞时间（2010年1月）晚了13年。2017年8月，T-50战斗机被正式命名为苏-57战斗机。

德国信天翁D.Ⅲ战斗机

制造商：信天翁公司
生产数量：1866架
首次服役时间：1916年
主要使用者：德国空军

信天翁D.Ⅲ（Albatros D.Ⅲ）战斗机是德国信天翁公司在一战中研制的单座战斗机。该机外形上的最大特征是有一个纺锤般的流线型木制机身，采用木质骨架，层板蒙皮。这种硬壳构造的机身阻力小、强度高，中弹后生存性好，且制造并不困难。

基本参数	
机身长度	7.33米
机身高度	2.9米
翼展	9米
最大起飞重量	955千克
最大速度	175千米/小时
最大航程	480千米

德国信天翁D.Ⅴ战斗机

制造商：信天翁公司
生产数量：2500架
首次服役时间：1917年
主要使用者：德国空军

信天翁D.Ⅴ（Albatros D.Ⅴ）战斗机是德国在一战时研制的单座单发双翼战斗机，由D.Ⅲ战斗机改进而来。由于计划换装的发动机性能不可靠，该机沿用了D.Ⅲ战斗机装备的梅赛德斯D.Ⅲ战斗机发动机的高压缩比改进型，同时还采用信天翁公司标志性的流线型机身以进一步提高飞行性能。

基本参数	
机身长度	7.33米
机身高度	2.7米
翼展	9.05米
最大起飞重量	937千克
最大速度	186千米/小时
最大航程	5700米

德国福克E型战斗机

制造商：福克公司
生产数量：416架
首次服役时间：1916年
主要使用者：德国空军

福克E型（Fokker E）战斗机是德国福克公司在一战时研制的单翼战斗机。该机采用一战时少有的单翼机设计，优点是速度快，所以当它刚推出时是作为快速侦察机使用并称为"福克M5侦察机"，后来才加装机枪成为战斗机。

基本参数	
机身长度	7.3米
机身高度	2.79米
翼展	9.52米
最大起飞重量	610千克
最大速度	133千米/小时
最大航程	220千米

德国福克D.Ⅶ战斗机

制造商：福克公司
生产数量：775架
首次服役时间：1918年
主要使用者：德国空军

福克D.Ⅶ（Fokker D.Ⅶ）战斗机是德国福克公司在一战中研制的单发单座双翼战斗机。自1918年5月首次出现在前线后，这种飞机被公认为是一战中最好的战斗机之一，号称能将优秀飞行员变成"王牌飞行员"，以至于各协约国在签订一战停战协议中要求德国立即交出所有福克D.Ⅶ战斗机。

基本参数

机身长度	6.95米
机身高度	2.75米
翼展	8.9米
最大起飞重量	906千克
最大速度	189千米/小时
最大航程	266千米

德国福克Dr.I战斗机

制造商：福克公司
生产数量：320架
首次服役时间：1917年
主要使用者：德国空军

福克Dr.I战斗机是福克公司研制的德国空军主力战斗机。由于机身轻巧、升力大，福克Dr.I战斗机具有很高的爬升率和机动性，在空中格斗中表现突出。虽然仍有机翼断裂的潜在隐患，但以其优秀的小半径转弯能力而震惊了协约国飞行员，许多著名飞行员都曾驾驶过这款战斗机。

基本参数

机身长度	5.77米
机身高度	2.95米
翼展	7.2米
最大起飞重量	586千克
最大速度	160千米/小时
最大航程	300千米

德国普法茨D.Ⅻ战斗机

制造商：普法茨飞机制造厂
生产数量：800架
首次服役时间：1918年
主要使用者：德国空军

普法茨D.Ⅻ（Pfalz D.Ⅻ）战斗机是德国普法茨飞机制造厂在一战时研制的单座单发双翼战斗机。由于操控性糟糕，德军飞行员并不喜欢D.Ⅻ战斗机，而更愿意使用福克D.Ⅶ战斗机。二战结束后，普法茨飞机制造厂也结束了生产战斗机的历史。

基本参数

机身长度	6.35米
机身高度	2.7米
翼展	9米
最大起飞重量	897千克
最大速度	170千米/小时
最大航程	370千米

德国Bf-109战斗机

Bf-109战斗机是德国巴伐利亚飞机制造厂研制的单座战斗机,于1935年5月29日首飞成功。该机是德国在二战期间生产数量最多,生产时间最久,产生空战王牌战斗机最多的战斗机,也是德国空军最重要的日间战斗机,不仅仅是液冷式引擎战斗机的杰作之一,也是二战时期最有名的机种之一。

作为德国在二战中的主力战斗机,Bf-109战斗机在设计中采用了当时最先进的空气动力外形,机身与机翼为全金属制造,拥有可收放的起落架、全罩式座舱、下单翼、自动襟翼等。射击武器安装在机头上部和机翼前缘,后期型机炮放置在桨毂罩中。正是因为它的多项特点,使它属于新一代的战斗机,其性能远在零式战斗机之上,是轴心国空军使用最广泛的军用战斗机。

制造商:	巴伐利亚飞机制造厂
生产数量:	33984架
首次服役时间:	1937年
主要使用者:	德国空军

基本参数

机身长度	8.95米
机身高度	2.6米
翼展	9.925米
最大起飞重量	3400千克
最大速度	640千米/小时
最大航程	1000千米

小知识

常与Bf-109战斗机放在一起比较的是英国的"喷火"战斗机,这两种战斗机不仅从大战初期较劲到结束,战场从北非到苏联,战后还在中东交过手。

德国Bf-110战斗机

Bf-110战斗机是德国巴伐利亚飞机制造厂研制的双发重型战斗机,1936年5月首次试飞。除了担任长程战斗机与驱逐轰炸机的任务外,Bf-110战斗机也是德国夜间战斗机的主要使用机种之一。二战后期,Bf-110战斗机被改良成一款专职的夜间战斗机,成为夜战部队的主力,当时德军大部分的夜战部队都是以驾驶Bf-110战斗机为主。

Bf-110战斗机采用全金属结构、半硬壳机身和低悬臂梁,配有两个方向舵,机翼具有前沿槽孔设计。该机的动力装置为两具戴姆勒·奔驰DB 601A水冷式发动机,单台功率为1085千瓦。该机的机载武器为2门20毫米MG 151机炮、4挺7.92毫米MG 17机枪和1挺7.92毫米MG 812后射机枪。

制造商:	巴伐利亚飞机制造厂
生产数量:	6170架
首次服役时间:	1937年
主要使用者:	德国空军

基本参数

机身长度	12.3米
机身高度	3.3米
翼展	16.3米
最大起飞重量	7790千克
最大速度	595千米/小时
最大航程	900千米

小知识

Bf-110战斗机在波兰战役、挪威战役与法国战役中均表现出众,但在夺取英伦三岛制空权的不列颠空战中完全暴露出其敏捷性低劣的问题,许多Bf-110飞行联队损失惨重,被迫退出日间作战改任为夜间战斗机。

德国Fw 190战斗机

Fw 190战斗机是德国福克-沃尔夫飞机制造厂研制的单座单发战斗机，1939年6月1日首次试飞。该机采用当时螺旋桨战斗机的常规布局：全金属下单翼、单垂尾、单发布局，全封闭玻璃座舱，可收放后三点式起落架等。

Fw 190战斗机的机头较粗，而机尾尖细，机身背部拱起部分是一个透明的滑动开启的座舱盖，其后方机身背脊向下倾斜，故下视和后视的视界良好。Fw 190战斗机的不同型号使用了不同的发动机，既有水冷发动机，也有气冷发动机，这在德国诸多战斗机中非常少见。该机的典型机载武器为2门20毫米机炮和2挺13毫米机炮，另外可携带1枚500千克炸弹。

制造商：	福克-沃尔夫飞机制造厂
生产数量：	20000架以上
首次服役时间：	1941年
主要使用者：	德国空军

基本参数

机身长度	10.2米
机身高度	3.35米
翼展	10.5米
最大起飞重量	4840千克
最大速度	685千米/小时
最大航程	835千米

小知识

许多德军飞行员驾驶Fw 190战斗机成为王牌飞行员，如艾里希·鲁道菲尔、奥图·基特尔和怀尔特·诺沃特尼等，他们声称大多数的战果都是在驾驶Fw 190战斗机时所取得的。

德国Me-262战斗机

Me-262战斗机是德国梅塞施密特公司（1938年7月由巴伐利亚飞机制造厂重新整合而来）研制的喷气式战斗机，配备活塞式发动机的原型机于1941年4月首次试飞，配备喷气式发动机的原型机于1942年7月首次试飞，于1944年夏末首度投入实战，成为人类航空史上第一种投入实战的喷气机。

Me-262战斗机是一种全金属半硬壳结构轻型飞机，流线型机身有一个三角形的断面，机头集中安装4门30毫米MK 108机炮，另外可携带2枚500千克炸弹。近三角形的尾翼呈十字相交于尾部，两台轴流式涡轮喷气发动机的短舱直接安装在后掠的下单翼的下方，前三点起落架可收入机内。Me-262战斗机的动力装置是2台容克斯Jumo 004 B-1喷气发动机，单台推力8.8千牛。

制造商：	梅塞施密特公司
生产数量：	1430架
首次服役时间：	1944年
主要使用者：	德国空军

基本参数

机身长度	10.6米
机身高度	3.5米
翼展	12.51米
最大起飞重量	6400千克
最大速度	870千米/小时
最大航程	1050千米

小知识

燃料的缺乏使得Me-262战斗机在二战中未能完全发挥其性能优势，德军飞行员驾驶该机在战争期间取得击落约500架敌机、自损100架的战绩。

德国He 219战斗机

He 219战斗机是德国亨克尔公司研制的活塞式夜间战斗机，1942年11月首次试飞。虽然He 219战斗机的夜间作战能力出众，但极其有限的数量并没有对战局产生太大的影响。

He 219战斗机拥有许多先进设备，包括增压座舱、遥控炮塔等，而且还是德军第一种装备前三点式起落架的实用作战飞机和世界上第一种安装弹射座椅的军用飞机。该机具有操作灵活、速度快、火力强大的特点，是二战时期德军唯一可以在各方面抗衡英国"蚊"式飞机的活塞式夜间战斗机。He 219战斗机的主要武器为4门20毫米MG 151机炮，动力装置为两台戴姆勒·奔驰DB 603E发动机，单台功率为1324千瓦。

制造商：	亨克尔公司
生产数量：	300架
首次服役时间：	1943年
主要使用者：	德国空军

基本参数

机身长度	15.5米
机身高度	4.4米
翼展	18.5米
最大起飞重量	13580千克
最大速度	616千米/小时
最大航程	1540千米

小知识

He 219战斗机的性能卓越，能让飞行员掌握极高的主控权。地面管制系统简单地引导飞行员到达正确的区域后就放手让飞行员自己去狩猎英军轰炸机。

德国He 162战斗机

He 162战斗机是德国亨克尔公司研制的喷气式战斗机，也是二战时德国第二种量产的喷气式战斗机。该机于1944年12月6日首次试飞。

He 162战斗机的主要武器为2门20毫米MG 151机炮，动力装置为1台BMW 003E-1喷气发动机。由于设计时间太短，He 162战斗机存在不少问题。该机的主要组件为木制，对于喷气式战斗机来说比较脆弱。机身结构也非常简单，甚至没有起落架指示灯，飞行员仅仅通过驾驶室下方的小窗口确定前起落架是否开启。He 162战斗机在侧滑超过20度时，发动机气流会干扰方向舵，影响水平稳定性。此外，该机还容易失速，事故发生时飞行员唯有弃机跳伞。弹射椅也存在设计问题，飞行员弹射时必须缩回双腿。

制造商：	亨克尔公司
生产数量：	320架
首次服役时间：	1945年
主要使用者：	德国空军

基本参数

机身长度	9.05米
机身高度	2.6米
翼展	7.2米
最大起飞重量	2800千克
最大速度	790千米/小时
最大航程	975千米

小知识

1945年初，He 162战斗机已经有100架出厂，大规模生产计划也进入成熟阶段，可是飞行员训练进度加上燃料短缺，使得He 162战斗机并没有规划中的大量飞行员来操作，到了二战结束时这种战斗机并未发挥原先设计的功能，也没有确切的作战记录。

德国Ta 152战斗机

Ta 152战斗机是德国福克-沃尔夫飞机制造厂在二战末期研制的高空高速活塞式战斗机，由Fw 190战斗机发展而来。由于1943年10月德国航空部决定"新战斗机的名称将包含其主任设计者名称"，因此Ta 152战斗机没有按旧例编号为Fw，而是以其主任设计者库尔特·谭克（Kurt Tank）的名字命名。由于诞生时期偏晚，生产数量太少，Ta 152战斗机并未在战争中发挥太大作用。不过，该机优秀的性能仍然获得了认可。

与Fw 190战斗机相比，Ta 152战斗机主要换装了超高空用的发动机，增压座舱以及大纵横比的机翼。Ta 152战斗机装有1门30毫米MK108机炮（备弹90发）和2门20毫米MG151/20机炮（各备弹175发），动力装置为容克斯Jumo 213E-1水冷发动机。

制造商：	福克-沃尔夫飞机制造厂
生产数量：	49架
首次服役时间：	1945年
主要使用者：	德国空军

基本参数

机身长度	10.82米
机身高度	3.36米
翼展	14.44米
最大起飞重量	5217千克
最大速度	759千米/小时
最大航程	2000千米

小知识

Ta 152战斗机与美国P-51H战斗机、英国"喷火"XIV战斗机一起被誉为终极活塞式战斗机，其各项飞行性能已经接近活塞式战斗机的极限。

意大利G.91战斗机

G.91战斗机是意大利菲亚特公司应北约要求而研制的轻型喷气式战斗机，也是意大利在二战后自行研制的第一种喷气式战斗机。该机于1956年8月首次试飞，除意大利外，德国、希腊和葡萄牙等国家也有装备，美国也曾少量购入该机用于评估。

G.91战斗机采用1台英制布里斯托尔·西德利"俄耳甫斯"803喷气式发动机，推力为22.2千牛。机载武器为机头的4挺12.7毫米勃朗宁M2重机枪，还可挂载火箭弹和炸弹等武器。联邦德国使用的型号将4挺重机枪换成了2门30毫米机炮。G.91战斗机在外形上酷似美国F-86D战斗机，飞行机动性优秀而且维修简易，可执行空战和轰炸等各种任务。

制造商：	菲亚特公司
生产数量：	770架
首次服役时间：	1958年
主要使用者：	意大利空军

基本参数

机身长度	10.3米
机身高度	4米
翼展	8.58米
最大起飞重量	5500千克
最大速度	1075千米/小时
最大航程	1150千米

小知识

G.91战斗机曾参与非洲国家战役，1973年2月，在盖亚那有一架G.91被飞弹击落，飞行员殉职。由于其优异的飞行性能，意大利空军"三色箭"飞行表演队还曾使用G.91战斗机作为表演用机。

瑞典SAAB-29"圆桶"战斗机

SAAB-29"圆桶"（Tunnan）战斗机是瑞典萨博公司研制的单发单座轻型喷气式战斗机，是萨博公司首次将喷气式发动机与现代高速飞行气动原理结合起来而设计的现代战斗机，为萨博公司赢得不少的商机。该机于1948年9月首次试飞，唯一的国外用户是奥地利。

SAAB-29战斗机的机载武器为4门20毫米机炮，翼下有4个挂架，可携带Rb 24空对空导弹、75毫米空对空火箭弹、150毫米高爆火箭弹等武器。由于主起落架距地高度太低，SAAB-29战斗机的机腹下无法挂载武器设备，也就没有安装机腹挂架。该机的动力装置为1台RM2A喷气发动机，加力推力27.5千牛。虽然外形不佳，但SAAB-29战斗机的机动性能颇为优秀。

制造商：	萨博公司
生产数量：	661架
首次服役时间：	1951年
主要使用者：	瑞典空军

基本参数

机身长度	11米
机身高度	3.75米
翼展	10.23米
最大起飞重量	8375千克
最大速度	1060千米/小时
最大航程	1100千米

小知识

由于SAAB-29战斗机的主起落架设计的比较短，因此机腹下无法挂载武器，给人一种"酒桶"的既视感。

瑞典SAAB-35"龙"战斗机

SAAB-35"龙"（Draken）战斗机是瑞典萨博公司研制的多用途超音速战斗机，1955年10月首次试飞。该机是20世纪60年代瑞典空军的主力战斗机，可执行截击、对地攻击、照相侦察等多种任务。

SAAB-35战斗机采用特殊的无尾、双三角翼翼身融合体布局，三角形的发动机进气口布置在翼根部，采用大后掠垂直尾翼，并在其前方设有一个小型三角形天线，有利于避免失速。第一种生产型安装了两门30毫米M-55阿登机炮，可以携带Rb 24、Rb 27和Rb 28空对空导弹，还可携带各种重量的炸弹。由于SAAB-35战斗机的整个结构基本比较平直，原来认为会导致笨重而不灵活，但事实恰恰相反，双三角翼的气动布局使其拥有不错的近距格斗性能。

制造商：	萨博公司
生产数量：	651架
首次服役时间：	1960年3月
主要使用者：	瑞典空军

基本参数

机身长度	15.34米
机身高度	3.87米
翼展	9.42米
最大起飞重量	10508千克
最大速度	1900千米/小时
最大航程	3250千米

小知识

自SAAB-35"龙"战斗机服役之后，瑞典再没有购买国外战斗机，结束了防空作战需要"外员"的历史。

瑞典JAS 39"鹰狮"战斗机

JAS 39"鹰狮"（Gripen）战斗机是瑞典萨博公司研制的单发多功能战斗机。该机于1988年12月首次试飞，主要用户为瑞典、捷克、匈牙利、泰国和南非等国家的空军。

JAS 39战斗机使用鸭形翼（前翼）与三角翼组合成近距耦合鸭式布局，结构上广泛采用复合材料。该机的出厂成本只有"台风"战斗机或"阵风"战斗机的1/3，但同样具有良好的机敏性和较小的雷达截面，较小的机身也降低了飞机的耗油率。JAS 39战斗机装有1门27毫米毛瑟BK-27机炮，备弹120发。机身和机翼下共有8个外挂点，可携带AIM-9"响尾蛇"空对空导弹、AIM-120"监狱"空对空导弹、"流星"空对空导弹、KEPD-350空对地导弹、AGM-65"小牛"空对地导弹、RBS-15反舰导弹、"铺路"系列制导炸弹和Mk 80系列无导引炸弹等武器。

制造商	萨博公司
生产数量：	298架
首次服役时间：	1996年
主要使用者：	瑞典空军

基本参数

机身长度	14.1米
机身高度	4.5米
翼展	8.4米
最大起飞重量	14000千克
最大速度	2204千米/小时
最大航程	3200千米

小知识

JAS 39"鹰狮"战斗机的名称中JAS是瑞典语中的"Jakt"（对空战斗）、"Attack"（对地攻击）、"Spaning"（侦察）的缩写。

欧洲"狂风"战斗机

"狂风"（Tornado）战斗机是由德国、英国和意大利联合研制的双发战斗机。该机于1974年8月14日首次试飞，由于其多重用途设计，使它能够取代不同的飞机机队。

"狂风"战斗机采用串列式双座、可变后掠悬臂式上单翼设计。后机身内并排安装两台RB199-34R Mk 103涡轮风扇发动机（由德国、英国和意大利三国组建的合资公司研制），进气道位于翼下机身两侧。在后机身上部两侧各装有一块减速板，可在高速飞行中使用。"狂风"战斗机有多个型号，武器各有差异。采用电传操纵系统的"狂风"战斗机具有很高的操纵精度，尤其是当飞机在60米高度进行低空高速突防作战时，高精度的操纵系统与地形跟踪系统配合是综合飞行安全性和突防可靠性的保障。

制造商	帕那维亚飞机公司
生产数量：	992架
首次服役时间：	1979年
主要使用者：	英国皇家空军、德国空军、意大利空军等

基本参数

机身长度	16.72米
机身高度	5.95米
翼展	13.91米
最大起飞重量	28000千克
最大速度	2417千米/小时
最大航程	3890千米

小知识

"狂风"战斗机由帕那维亚飞机公司设计和生产，该公司由来自德国的梅赛施密特公司、来自英国的英国宇航公司和来自意大利的阿蓝尼亚宇航公司三家欧洲军火商集结而成。

欧洲"台风"战斗机

制造商：欧洲战斗机公司
生产数量：565架
首次服役时间：2003年
主要使用者：英国皇家空军、德国空军、意大利空军等

基本参数	
机身长度	15.96米
机身高度	5.28米
翼展	10.95米
最大起飞重量	23500千克
最大速度	2124千米/小时
最大航程	3790千米

"台风"（Typhoon）战斗机是由欧洲战斗机公司研制的双发多功能战斗机，该公司是由数家欧洲飞机制造公司于1986年组成，而"台风"战斗机的相关研发计划则在1979年就已展开。"台风"战斗机于1994年3月首次试飞。

与其他现代战斗机相比，"台风"战斗机最独特之处在于有四条不同公司的生产线，其各自专精生产一部分零件供所有飞机使用，最后负责组装自己所在国的最终成品飞机。"台风"战斗机采用鸭式布局，矩形进气口位于机身下。机翼、机身、腹鳍、方向舵等部位大量采用碳纤维复合材料。该机是集便于组装、高效能、匿踪性、先进航电于一体的多功能战斗机。与其他同级战斗机相比，"台风"战斗机驾驶舱的人机界面高度智慧化，可以有效降低驾驶员的工作量。该机机动性强，具有短距起落能力和部分隐身能力。

小知识

2005年7月，苏格兰《太阳报》报道，在军事演习中，当一架"台风"战斗机被两架F-15E战斗机攻击时，"台风"战斗机不仅有能力脱困，还能反击击落那两架F-15E战斗机。

加拿大CF-100"卡努克"战斗机

制造商：阿弗罗加拿大公司

生产数量：692架

首次服役时间：1952年

主要使用者：加拿大空军

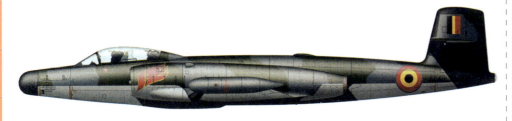

基本参数	
机身长度	16.5米
机身高度	4.4米
翼展	17.4米
最大起飞重量	16329千克
最大速度	888千米/小时
最大航程	3200千米

CF-100"卡努克"（Canuck）战斗机是由阿弗罗加拿大公司设计的喷气式战斗机，1950年1月19日首飞，可称得上是"加拿大设计的第一流飞机"，在加拿大空军中服役长达29年。

CF-100战斗机的机体寿命较长，最早空军希望其机体寿命能达到2000小时，后来发现很容易就达到4000小时甚至是6000小时，甚至有一架飞机的寿命达到了20000小时。随着CF-100战斗机在第一线渐渐退出，加拿大空军决定将其改装为侦察、训练和电子对抗机型。CF-100战斗机的特点是航程远、载荷大、结构强度高、设计合理，具有全天候作战能力，是20世纪50年代北美防空体系中最重要的一环。该机的不足是近距离格斗性能不佳，其实这是可以原谅的，因为其设计就是用来截击而不是空中格斗。

小 知 识

20世纪50年代中期，CF-100战斗机达到全盛的高峰时期，曾在13个飞行中队服役，后来有4个中队被部署到欧洲。

以色列"幼狮"战斗机

"幼狮"（Kfir）战斗机是以色列航空工业公司研制的单座单发战斗机，1973年首次试飞。该机是以法国达索"幻影"Ⅲ/Ⅴ机体为基础，拼凑了改装的美国通用电气公司生产的J79-GE-17涡喷发动机和以色列电子设备研制而成的改进型战斗机。

"幼狮"战斗机的机身采用全金属半硬壳结构，前机身横截面的底部比法国"幻影"5战斗机更宽更平，垂尾根部增加冷却进气口，机身上加了4个小进气口，为加力燃烧室提供冷却空气。起落架加固，采用长行程的油气减振支柱。"幼狮"战斗机装有两门30毫米机炮，各备弹140发。除机炮外，该机还可携带AIM-9"响尾蛇"空对空导弹、AGM-65"小牛"空对地导弹、JL-100无导引火箭弹、Mk 80系列炸弹、"铺路"系列炸弹等武器。

制造商：以色列航空工业公司
生产数量：220架
首次服役时间：1976年
主要使用者：以色列空军

基本参数

机身长度	15.65米
机身高度	4.55米
翼展	8.22米
最大起飞重量	16200千克
最大速度	2440千米/小时
最大航程	3232千米

小知识

在1982年的贝卡谷地一役中，"幼狮"战斗机与F-15、F-16战斗机组成了攻击编队。"幼狮"战斗机因性能较差，主要担任对地攻击任务，携带CBU-58集束炸弹等摧毁了大量叙利亚防空导弹系统。

以色列"狮"式战斗机

"狮"（Lavi）式战斗机是以色列航空工业公司研制的单座战斗机，1986年12月31日首次试飞。本项目耗资数十亿美元，以色列政府甚至通过融资以完成研发生产，其过低的成本效益也造成一些政治压力，最终导致无法在国际市场上与美国战斗机出口竞争而取消量产。

"狮"式战斗机采用了三角翼布局与可操纵的前端鸭翼。该机最显著的优点是它的新功能设备，特别是座舱完全使用主动式电脑飞行仪表。借其运作让飞行员处理战术方面的战斗，而不必担心监测和控制的各飞行子系统。航空电子设备方面，"狮"式战斗机被认为具有创新性和突破性，其中包括自我分析设备，使维护更加容易。

制造商：以色列航空工业公司
生产数量：2架
首次服役时间：未服役
主要使用者：以色列空军

基本参数

机身长度	14.57米
机身高度	4.78米
翼展	8.78米
最大起飞重量	19277千克
最大速度	1965千米/小时
最大航程	3700千米

小知识

虽然"狮"式战斗机项目被取消，但是其发展过程推动了以色列航空工业公司的发展，而且许多飞机子系统和组件的发展由以色列航空工业公司延续至今，在国际武器市场作为独立的系统或战机升级套件出售。

南非"猎豹"战斗机

"猎豹"(Cheetah)战斗机是南非阿特拉斯飞机公司在法国"幻影"Ⅲ战斗机基础上改进而来的单发单座战斗机,是应南非空军的要求开发并主要由其运营的。

除了一个加长的机鼻外,"猎豹"战斗机在气动布局方面的修改包括:机鼻两侧装上可以防止在高攻角下脱离偏航的以色列"幼狮"式战斗机小边条,一对固定在进气道的三角鸭翼,锯齿形外翼前缘,以及代替前缘翼槽的短翼刀。双座机型也会在驾驶舱下两侧加上曲线边条。机体结构上的修改着重于延长主翼梁的最低寿命。"猎豹"战斗机装有2门30毫米机炮,各备弹125发。此外,该机还可携带"蟒蛇"空对空导弹、R-Darter空对空导弹、马特拉R.530空对空导弹、68毫米火箭弹等武器。

制造商	阿特拉斯飞机公司
生产数量	38架
首次服役时间	1986年
主要使用者	南非空军

基本参数

机身长度	15.55米
机身高度	4.5米
翼展	8.22米
最大起飞重量	13700千克
最大速度	2350千米/小时
最大航程	1300千米

小知识

直至1994年为止,有20架"猎豹"DZ、EZ、RZ和R2Z战斗机分别退役,并被公布出售。

日本Ki-43"隼"式战斗机

Ki-43"隼"(Hayabusa)式战斗机是日本中岛飞机公司研制的单发单座战斗机,1939年1月首次试飞,是日本陆军在二战中最重要的战斗机。

"隼"式战斗机主要用于替代中岛飞机公司此前研制的Ki-27战斗机。当时日本军方要求该机的最大速度为500千米/小时,并能够在5分钟内爬升到5000米高度,续航距离必须超过800千米。Ki-43战斗机是一款气动布局平凡的全金属轻型单发单座战斗机,半椭圆断面的机身较为细长,机头很短,上方并列安装2挺机枪,整体设计上除了增强了发动机功率并采用了有利于减阻的可收放式后三点起落架外,基本结构大多与Ki-27战斗机相同。"隼"式战斗机的武器装备包括2挺12.7毫米Ho-103机枪,并可携带2枚250千克炸弹。

制造商	中岛飞机公司
生产数量	5751架
首次服役时间	1941年
主要使用者	日本陆军航空队

基本参数

机身长度	8.92米
机身高度	3.27米
翼展	10.84米
最大起飞重量	2925千克
最大速度	530千米/小时
最大航程	1760千米

小知识

1941年12月7日,太平洋战争爆发,日本陆军航空兵拥有的240架战斗机中,除80架为起落架固定的97式战斗机外,余下的大多是刚刚服役不久的新式"隼"式战斗机。

日本Ki-44"钟馗"战斗机

Ki-44"钟馗"（Shoki）战斗机是日本中岛飞机公司研制的单座单发战斗机，1940年8月首次试飞，日本原计划将"钟馗"战斗机作为高空拦截战斗机使用，以抵御美军轰炸机队，但后来发现其性能不足，所以后期型号开始换装轰炸机用的Ha-109发动机。"钟馗"战斗机的机载武器为2挺12.7毫米机枪。在试飞期间的模拟作战中，"钟馗"战斗机曾经击败川崎重工的Ki-60战斗机及日本从德国引进的Bf 109E战斗机。在二战后期，"钟馗"战斗机成为日本本土被轰炸时的防御主力。

以Ki-43"隼"式战斗机为基础，Ki-44"钟馗"战斗机的火力依靠机头和机翼的机枪，因此火力比只有机头机枪的Ki-43"隼"式战斗机强。由于该机机翼较小以减少翼载以求高速，故采用了蝶形空战襟翼以改善转弯能力。

制造商：中岛飞机公司
生产数量：1225架
首次服役时间：1942年
主要使用者：日本陆军航空队

基本参数

机身长度	8.84米
机身高度	3.12米
翼展	9.45米
最大起飞重量	2998千克
最大速度	605千米/小时
最大航程	1200千米

小知识

1941年11月，因为和英国及美国的关系恶化，9架Ki-44"钟馗"试验机先行编入了日军第47独立飞行中队。

日本Ki-61"飞燕"战斗机

Ki-61"飞燕"（Hien）战斗机是日本川崎飞机公司研制的单座单发战斗机，也是日本在二战中唯一量产的水冷式活塞战斗机。该机于1941年12月首次试飞。

"飞燕"战斗机装有2挺12.7毫米重机枪和2挺7.7毫米轻机枪，并可携带2枚250千克炸弹。该机于1943年7月在南太平洋新几内亚战场上投入实战，但由于日军不熟悉复杂的水冷发动机，且发动机维修需要的材料只能依靠船运，因此在后勤补给困难时大部分"飞燕"战斗机都处于故障状态。在二战后期，美军开始以B-29轰炸机轰炸日本本土，由于部署在本土的"飞燕"战斗机后勤补给方便，所以妥善率较高。因此，这些"飞燕"战斗机开始成为日本对付B-29轰炸机的主力。

制造商：川崎飞机公司
生产数量：3078架
首次服役时间：1942年
主要使用者：日本陆军航空队

基本参数

机身长度	8.94米
机身高度	3.7米
翼展	12米
最大起飞重量	3470千克
最大速度	580千米/小时
最大航程	580千米

小知识

1943年11月，一架Ki-61"飞燕"战斗机因为机械故障被日军遗弃在格洛斯特机场。1943年12月30日，几名美国海军陆战队队员在机场的角落里发现了它。

日本Ki-84"疾风"战斗机

制造商：中岛飞机公司
生产数量：3514架
首次服役时间：1944年
主要使用者：日本陆军航空队

基本参数	
机身长度	9.92米
机身高度	3.39米
翼展	11.24米
最大起飞重量	3890千克
最大速度	631千米/小时
最大航程	2168千米

Ki-84"疾风"（Hayate）战斗机是日本中岛飞机公司研制的单座单发战斗机，1943年3月首次试飞，同年开始批量生产并服役。

Ki-84"疾风"机综合吸收了"隼"式战斗机、"钟馗"战斗机等旧日本陆军航空兵战斗机的制造技术，在中、低空高度有较强的机动性能，被认为是二战时期最出众的日本战斗机。"疾风"战斗机的气动布局基本继承了"隼"式战斗机的风格，有一个设计匀称的外形，但翼展和翼面积略有缩小，总长有所增加。"疾风"战斗机的主要特征有以下几点：着陆速度低，非常容易着陆；翼载荷达170千克/平方米；地面维护简便；机炮性能可靠。该机具备良好的爬升率、平飞速度和较强的火力，机载武器为2门20毫米机炮和2挺12.7毫米机枪，并可携带两枚250千克炸弹。

小知识

由于Ki-84"疾风"战斗机是日本在航空机械制造工艺上，第一个实施先进的"基孔制"的飞机型号，所以单机制造总工时已从Ki-43"隼"式战斗机的25000小时降至仅仅4000小时。

日本F-1战斗机

制造商：	三菱重工公司、富士重工公司
生产数量：	77架
首次服役时间：	1977年
主要使用者：	日本航空自卫队

基本参数	
机身长度	17.85米
机身高度	4.45米
翼展	7.88米
最大起飞重量	13700千克
最大速度	1700千米/小时
最大航程	2870千米

F-1战斗机是日本三菱重工公司和富士重工公司联合研制的单座双发战斗机，也是日本自行设计的第一种超音速战斗机。该机于1975年6月首次试飞，是一款优秀的和第三代战机。

F-1战斗机装有1门20毫米JM61A1机炮（备弹750发），另有5个外挂点，可挂载副油箱、炸弹、火箭弹、导弹等，总载弹量为2710千克。动力装置为2台TF40-IHI-801A涡扇发动机。F-1战斗机典型的作战任务为携带2枚ASM-1反舰导弹及1个830千克副油箱执行反舰任务，作战半径为550千米。1986年4月，日本航空自卫队宣布将F-1战斗机服役寿命从3500小时延长至4500小时，相当于延长使用3年。并加装1套自动驾驶仪，增加使用AIM-9L导弹的能力。改进挡风玻璃，能够在以926千米/小时飞行时抵挡中等大小鸟类撞击。

小 知 识

所有F-1战斗机于2006年3月9日全部退役，该机服役期间从未执行过实战任务。

日本F-2战斗机

制造商：	三菱重工公司、洛克希德·马丁公司
生产数量：	98架
首次服役时间：	2000年
主要使用者：	日本航空自卫队

基本参数	
机身长度	15.52米
机身高度	4.96米
翼展	11.13米
最大起飞重量	18100千克
最大速度	2469千米/小时
最大航程	833千米

　　F-2战斗机是日本三菱重工公司与美国洛克希德·马丁公司合作研制的战斗机，1995年10月，首批4架原型机开始试飞。F-2战斗机原本计划于1999年服役，但因试飞期间机翼出现断裂事故而推迟到2000年。

　　由于F-2战斗机是以美国F-16C/D战斗机为蓝本设计的，所以其动力设计、外形和搭载武器等方面都吸取了不少F-16战斗机的优点。但为了突出日本国土防空的特点，该机又进行了多处改进，其中包括：采用先进的材料和构造技术，使F-2战斗机机身前部加长，从而能够搭载更多的航空电子设备；配有全自动驾驶系统，机翼大量采用吸波材料以降低雷达探测特征等。F-2战斗机装有1门JM61A1"火神"机炮（备弹512发），并可携带8000千克导弹和炸弹等武器。

小知识

　　F-2战斗机的主要任务为对地打击和反舰作战，搭配先进的电子作战系统及雷达侦测系统，也能适应空对空作战，有"平成零战"（平成时期的零式战斗机）之称。

印度HF-24"风神"战斗机

基本参数	
机身长度	15.87米
机身高度	3.6米
翼展	9米
最大起飞重量	10908千克
最大速度	1112千米/小时
最大航程	772千米

制造商：斯坦航空公司

生产数量：147架

首次服役时间：1967年

主要使用者：印度空军

HF-24"风神"（Marut）战斗机是印度斯坦航空公司研制的多用途战斗机，1961年6月17日首次试飞。

HF-24"风神"战斗机采用常规全金属半硬壳式机身，采用面积律设计的机翼。机翼采用普通的扭力盒结构，液压驱动副翼和后缘襟翼。副翼和升降舵可以手动控制，而方向舵始终由人工控制。全动尾翼由液压控制并有电驱动备份，当液压失效时可以开动电力系统，正确的角度由人工设定。该机的机身前部装有4门20毫米阿登机炮，翼下4个挂架最大可挂1814千克炸弹或火箭弹吊舱。由于机炮射击时振动严重，每次双炮射击后都要重新调整瞄准镜，四炮齐射甚至会震掉座舱盖。尽管HF-24"风神"战斗机的性能并不优秀，但该项目也为印度航空工业打下了基础。

小知识

在1970年发生的战争中，HF-24"风神"战斗机在执行低空攻击任务时经常受到地面火力猛烈集中的打击，该机至少有三次是靠单发飞回基地的。

印度"无敌"战斗机

"无敌"（Ajeet）战斗机是印度斯坦航空公司在英国"蚊蚋"战斗机基础上改进而来的单座单发战斗机，1972年12月，印度将新型战斗机命名为"无敌"，并于1976年9月首次试飞。

"无敌"战斗机虽然外形与"蚊蚋"战斗机相同，但部件有40%不同，机重也增加了136千克，称得上是一种新的战斗机。"无敌"战斗机强化了控制平尾的液压系统，增加主翼内的整体油箱并重新安排机身油箱，总容量达1350升，主翼下的4个挂架可全挂炸弹以增强对地攻击力，机体寿命由"蚊蚋"战斗机的5000小时增加到8350小时。由于任务的变化，"无敌"战斗机的火控设备也全部更新。

制造商：斯坦航空公司
生产数量：89架
首次服役时间：1977年
主要使用者：印度空军

基本参数

机身长度	9.04米
机身高度	2.46米
翼展	6.73米
最大起飞重量	4173千克
最大速度	1152千米/小时
最大航程	172千米

小知识

印度将原型机机长增加1.4米，从而作为"无敌"教练机，并在1982年9月20日试飞，到1986年共生产30架。

印度"光辉"战斗机

"光辉"（Tejas）战斗机是印度斯坦航空公司研制的轻型战斗机。2001年1月4日首架试验机升空时，印度已耗资6.75亿美元，直到2013年12月才开始服役。

"光辉"战斗机大量采用了先进的复合材料，不但有效地降低了飞机的自重和成本，而且加强了飞机在近距离缠斗中对高过载的承受能力。无水平尾翼的大三角翼设计使飞机拥有优秀的短距离起降能力。机体复合材料、机载电子设备以及相应软件都具有抗雷击能力，使得"光辉"战斗机能够实施全天候作战。"光辉"战斗机的外形并没有采用隐身设计。由于"光辉"战斗机机体极小，进气道的Y形设计遮挡住涡轮叶片的因素使得其拥有了所谓的"隐身性能"。值得一提的是，"光辉"战斗机配有空中受油装置，一定程度上提高了续航力。

制造商：斯坦航空公司
生产数量：32架
首次服役时间：2015年
主要使用者：印度空军

基本参数

机身长度	13.2米
机身高度	4.4米
翼展	8.2米
最大起飞重量	13300千克
最大速度	1920千米/小时
最大航程	3000千米

小知识

2005年3月，虽然"光辉"战斗机在试验过程中存在明显不足，但印度空军仍订购了40架"光辉"战斗机。

埃及HA-300战斗机

HA-300战斗机是埃及研制的轻型超音速战斗机。该机的设计者为德国著名飞机设计师威利·梅塞施密特,他在二战结束后进入西班牙西斯潘诺公司工作,在完成HA-200喷气式教练机的研制后便开始设计HA-300战斗机。该项目于1960年被转交给埃及,原型机于1964年3月首次试飞,同年开始批量生产。

HA-300战斗机最初是一架无尾三角翼布局的飞机,动力装置为1台布里斯托尔"俄耳甫斯"703涡喷发动机。转交埃及之后,工程师修改了气动布局,在机身后部安装了水平尾翼,进气口分布在机身两侧,呈半圆形。修改后的HA-300战斗机在外形上与苏联米格-21战斗机相似,其机载武器为2门30毫米西斯潘诺机炮,并可携带4枚空对空导弹。

制造商:埃及通用航空组织
生产数量:7架
首次服役时间:未服役
主要使用者:埃及空军

基本参数

机身长度	12.4米
机身高度	3.15米
翼展	5.84米
最大起飞重量	5443千克
最大速度	2124千米/小时
最大航程	1400千米

小知识

HA-300战斗机的研制在1969年被最终取消,最重要的原因是E-300发动机迟迟不能完成研制最后导致研制计划搁浅,最重要的是又没有合适的替代发动机型号,加上在打输了"六日战争"之后,埃及空军订购了大量的苏制米格-21战斗机,没有足够的资金支持HA-300战斗机的研制。

伊朗"闪电"80战斗机

"闪电"80(Saeqeh-80)战斗机是伊朗自主研制的双发单座喷气式战斗机,2004年7月首次试飞。该机由伊朗空军和国防部联合生产,大致上是美国F-5E战斗机的升级型。2007年9月,"闪电"80战斗机正式开始服役。

伊朗声称"闪电"80战斗机达到美国F-18战斗机的水平,外形上的双尾翼与F-18战斗机有相似之处。不过,大多数使用者认为"闪电"80战斗机只能算是西方第三代战机水平,勉强达到教练机或攻击机的标准,若能取得中程空对空导弹尚有一些空战能力,否则在21世纪战场上是相当落后的机种。"闪电"80战斗机可以执行战斗轰炸、近距离支援、战场遮断任务。同时也具备相当优秀的空战能力,可以制空和截击敌战斗机和巡航导弹。

制造商:伊朗航空工业公司
生产数量:9架
首次服役时间:2007年
主要使用者:伊朗空军

基本参数

机身长度	15.89米
机身高度	4.08米
翼展	8.3米
最大起飞重量	9000千克
最大速度	1700千米/小时
最大航程	3000千米

小知识

"雷电"80战斗机项目在20世纪90年代的进展十分缓慢,原计划将在2001年之前结束,但由于管理不善和缺乏风洞等基本研究设施,进度被大大拖延。

轰炸机

第 3 章

　　轰炸机具有突击力强、航程远、载弹量大、机动性高等特点，是空军实施空中突击的主要飞机。而战略轰炸机在空中战略威慑中担当主角，是大国实施战略威慑的航空重器，其战略地位在短时间内难以撼动，因此在未来发展战略中轰炸机仍然是军事大国的重要战略选项。

■ 战机大百科

美国SBD"无畏"轰炸机

制造商：道格拉斯公司

生产数量：5936架

首次服役时间：1940年

主要使用者：美国陆军航空队、美国海军

SBD"无畏"（SBD Dauntless）轰炸机是美国道格拉斯公司开发的舰上俯冲轰炸机，主要于二战时期活跃于太平洋战场上。在其服役生涯中，被证明是出色的海军侦察机和俯冲轰炸机。具有射程远，操纵性能好，机动性强，炸弹载荷大，拥有良好的防御性和坚固性等特点。

基本参数

机身长度	10.09米
机身高度	4.14米
翼展	12.66米
最大起飞重量	4853千克
最大速度	410千米/小时
最大航程	1795千米

美国SB2C"地狱俯冲者"轰炸机

制造商：柯蒂斯公司

生产数量：7140架

首次服役时间：1942年

主要使用者：美国陆军航空队、美国海军

SB2C"地狱俯冲者"（Helldiver）轰炸机是美国海军在二战期间部署与使用的舰载轰炸机，用以取代前一代SBD轰炸机。该机是当时载重量最大的轰炸机，但它的操纵性能太差又使其饱受争议。与稳定、容易操控的SBD轰炸机相比，航空母舰舰长与飞行员都很不喜欢这款战机。所以在二战后SB2C轰炸机便很快被美国军方除役。

基本参数

机身长度	11.18米
机身高度	4.01米
翼展	15.16米
最大起飞重量	7553千克
最大速度	475千米/小时
最大航程	1875千米

美国TBF"复仇者"轰炸机

制造商：格鲁曼公司

生产数量：9837架

首次服役时间：1942年

主要使用者：美国陆军航空队、美国海军

TBF"复仇者"（TBF Avenger）轰炸机是由美国格鲁曼公司开发的舰上鱼雷轰炸机，主要于二战时期活跃在太平洋战场上，其动力输出在二战的鱼雷攻击机中堪称顶尖。TBF轰炸机在兼顾了酬载量同时并没有牺牲太多的飞行性能，甚至拥有和俯冲轰炸机一样的俯冲攻击能力。

基本参数

机身长度	12.48米
机身高度	4.7米
翼展	16.51米
最大起飞重量	8115千克
最大速度	442千米/小时
最大航程	1610千米

美国B-17"空中堡垒"轰炸机

B-17"空中堡垒"(Flying Fortress)轰炸机是美国波音公司研制的四发重型轰炸机,1935年7月首次试飞。B-17轰炸机是世界上第一种安装雷达瞄准具、能在高空精确投弹的重型轰炸机,拥有较大的载弹量和飞行高度,并且坚固可靠,在遭受重创后仍能坚持返回基地。B-17轰炸机在整个设计与生产过程中经历数次重大的改良,也因此衍生出许多不同的机型。

B-17轰炸机的动力装置为4台赖特R-1820-97"旋风"涡轮增压星型发动机,单台功率为895千瓦。机载武器方面,B-17轰炸机装有13挺12.7毫米M2勃朗宁重机枪,执行长程任务时可携带2000千克炸弹,执行短程任务时可携带3600千克炸弹。除美国外,还有其他二十多个国家采用。二战后,B-17轰炸机在巴西空军一直服役到1968年。

制造商	波音公司
生产数量	12731架
首次服役时间	1938年
主要使用者	美国陆军航空队

基本参数

机身长度	22.66米
机身高度	5.82米
翼展	31.62米
最大起飞重量	29710千克
最大速度	462千米/小时
最大航程	3219千米

小知识

1943~1945年,美国陆军航空队在德国上空进行的规模庞大的白天精密轰炸作战中,B-17轰炸机更是表现优异。除欧洲大陆战场外,少数B-17轰炸机还在太平洋战场上担任部分对日本船只及机场的轰炸任务。

美国B-24"解放者"轰炸机

B-24"解放者"(Liberator)轰炸机是美国共和飞机公司研制的重型轰炸机,1939年3月签订合约,1939年12月首次试飞。经过战争的考验,B-24轰炸机持续不断地改进,发展至B-24D型时,才被美军大量采用,并通过租借法案大量援助他国。二战后,B-24轰炸机在一些国家持续使用到1968年。

B-24轰炸机有一个实用性极强的粗壮机身,其上下前后及左右两侧均设有自卫枪械(共10挺12.7毫米机枪),构成了一个强大的火力网。其设计特色是导入戴维斯翼型,使飞机具备较快的巡航速度、更远的航程、较大的酬载。梯形悬臂上单翼装有4台普惠R-1830-35空冷活塞式发动机,单台功率为900千瓦。机头设有一个透明的投弹瞄准舱,其后为多人驾驶舱,再后便是一个容量很大的炸弹舱,最多可挂载3600千克炸弹。

制造商	共和飞机公司
生产数量	18188架
首次服役时间	1941年
主要使用者	美国陆军航空队、美国海军

基本参数

机身长度	20.6米
机身高度	5.5米
翼展	33.5米
最大起飞重量	29500千克
最大速度	487千米/小时
最大航程	3400千米

小知识

B-24轰炸机在二战时除了用于空军执行轰炸任务外,也有用于海军作为反潜巡逻机,因此也加装上各种反潜和反舰攻击的装备。

美国B-25"米切尔"轰炸机

制造商：北美航空公司
生产数量：9816架
首次服役时间：1941年
主要使用者：美国陆军航空队

基本参数	
机身长度	16.13米
机身高度	4.98米
翼展	20.6米
最大起飞重量	15910千克
最大速度	442千米/小时
最大航程	2174千米

B-25"米切尔"（Mitchell）轰炸机是美国北美航空公司研制的双发中型轰炸机。该机最初设计代号是NA-40-1，1939年1月首次试飞时，恰逢美国陆军航空兵展开中型轰炸机的竞标，北美航空公司修改设计后参加了竞标。生产型B-25轰炸机于1940年8月首次试飞。除了量产型号外，北美航空公司在1942年曾使用B-25轰炸机机体开发以高空飞行适性为导向的中型轰炸机——XB-28，原型机性能不俗，然而在定位不明的问题下最终未进入量产。

B-25轰炸机综合性能良好、出勤率高而且用途广泛。该机早期型号装有1门75毫米榴弹炮和12挺12.7毫米重机枪，后期型号取消了榴弹炮，改为18挺12.7毫米重机枪，拥有极强的自卫火力，甚至可以作为攻击机使用。该机的动力装置为2台赖特R-2600-92双旋风发动机，单台功率为1267千瓦。

小知识

B-25轰炸机在太平洋战争中有许多出色表现，该机曾使用类似鱼雷攻击的"跳跃"投弹技术，即飞机在低高度将炸弹投放到水面上，而后炸弹在水面上跳跃着飞向敌舰，这提高了投弹的命中率，并且经常在敌舰吃水线以下爆炸，杀伤力增大。

美国B-26"劫掠者"轰炸机

制造商：马丁公司

生产数量：5288架

首次服役时间：1941年

主要使用者：美国陆军航空队

基本参数	
机身长度	17.8米
机身高度	6.55米
翼展	21.65米
最大起飞重量	17000千克
最大速度	460千米/小时
最大航程	4590千米

B-26"劫掠者"（Marauder）轰炸机是美国马丁公司研制的中型轰炸机。1940年11月25日首次试飞，在113小时的测试中，B-26轰炸机的性能满足了军方所有要求。该机在二战中饱受争议，几度面临停产撤编，但最终得以保留。二战后，B-26轰炸机还被多个国家持续采用。

B-26轰炸机是一款上单翼、半硬壳结构的轰炸机，采用前三点式起落架，机身截面为圆形。半硬壳铝合金结构机身由前、中、后三段组成，带弹舱的机身中段与机翼一起制造。该机的动力装置为2台普惠R-2800-43发动机，单台功率为1491千瓦。机载武器方面，该机装有12挺12.7毫米勃朗宁重机枪，并可携带1800千克炸弹。在早期的使用过程中，B-26轰炸机坠毁的比例较大，但经过改进后得到很大的改善，坠毁率降到正常水平。

小 知 识

与B-25轰炸机相比，B-26轰炸机有更快的速度、更大的载弹量，但服役期间的评价并不好，甚至被冠以"寡妇制造者"的诨号。

美国B-29"超级堡垒"轰炸机

B-29"超级堡垒"(Super Fortress)轰炸机是美国波音公司设计的四发重型轰炸机,1942年9月首次试飞。B-29轰炸机的设计构想是作为日间高空精确轰炸机,但在战场中使用时该机却多数在夜间出动,在低空进行燃烧轰炸。B-29轰炸机的设计思想十分明确,为了提高轰炸机的性能,机身的流线型达最高境界,为了多装炸弹,不惜牺牲机身设计的其他功能。

B-29轰炸机是当时集各种新科技的最先进的武器之一,汇集了当时诸多先进科技,其崭新设计包括加压机舱、中央火控和遥控机枪等。由于使用了加压机舱,飞行员不需要长时间戴上氧气罩及忍受严寒。该机装有10挺12.7毫米勃朗宁重机枪,并可携带9000千克炸弹。动力装置为4台赖特R-3350-23发动机,单台功率为1640千瓦。

制造商:	波音公司
生产数量:	3970架
首次服役时间:	1944年
主要使用者:	美国陆军航空队、美国空军

基本参数

机身长度	30.2米
机身高度	8.5米
翼展	43.1米
最大起飞重量	60560千克
最大速度	574千米/小时
最大航程	5230千米

小知识

B-29"超级堡垒"轰炸机是二战末期美军对日本城市进行焦土空袭的主力。向日本广岛及长崎投掷原子弹的任务也是由B-29轰炸机完成的。

美国B-36"和平缔造者"轰炸机

B-36"和平缔造者"(Peacemaker)轰炸机是美国康维尔公司制造的战略轰炸机,直到1946年8月才完成首次试飞。凭借16000千米的航程和39000千克的最大载弹量,B-36轰炸机还成为第一款能够执行洲际轰炸任务的轰炸机。

B-36轰炸机创造了多项纪录:历史上投入批量生产的最大型的活塞发动机飞机、翼展最长(70.12米)的军用飞机、第一款无须改装就可以挂载当时美国核武库内所有原子弹的轰炸机。B-36轰炸机的发动机最为特别的一点便是它的推进式配置方式。发动机安置于主翼后侧,每具R-4360-53发动机在主翼之后均安装了巨大的三叶型螺旋桨作为推进之用。除了炸弹,该机还装有两门20毫米机炮,装在机尾遥控炮塔内。B-36所有机型都装有6台普惠R-4360-53活塞发动机,单台功率为2835千瓦。

制造商:	康维尔公司
生产数量:	384架
首次服役时间:	1948年
主要使用者:	美国空军

基本参数

机身长度	49.42米
机身高度	14.25米
翼展	70.12米
最大起飞重量	186000千克
最大速度	672千米/小时
最大航程	16000千米

小知识

B-36轰炸机曾少量部署在英国林肯希思空军基地和位于关岛的安德森空军基地,并多次"访问"冲绳。

美国B-45"龙卷风"轰炸机

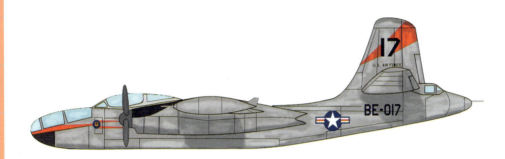

| 制造商：北美航空公司 |
| 生产数量：143架 |
| 首次服役时间：1948年 |
| 主要使用者：美国空军 |

基本参数	
机身长度	22.96米
机身高度	7.67米
翼展	27.13米
最大起飞重量	41628千克
最大速度	911千米/小时
最大航程	1918千米

B-45"龙卷风"（Tornado）轰炸机是美国空军装备的第一种喷气式轰炸机，也是第一种具有空中加油能力和核弹投放能力的喷气式飞机。第一架验证机XB-45于1947年3月17日在爱德华兹空军基地进行了首飞。20世纪50年代初期到中期，B-45轰炸机曾是美国核威慑力量的重要组成部分，但由于核弹运送能力相当有限，迅速被更先进的B-47轰炸机取代。

B-45轰炸机采用梯形垂尾，平尾有很大的上反角以避开发动机尾气。可收放前三点起落架，前起落架为双轮，翼下主起落架为大型单轮，向内收入翼根部的轮舱中。B-45轰炸机的电子系统包括自动驾驶仪、轰炸导航雷达和火控系统、通信设备、紧急飞行控制设备等。机尾有两具12.7毫米的机枪，备弹22000发。能在2个弹舱内携带最大12485千克的弹药或1枚重9988千克的低空战略炸弹，或2枚1816千克的核弹。

小知识

1949年美国空军出现了严重的预算危机，许多国防项目拨款被巨幅削减甚至干脆取消，B-45轰炸机也因此受到一些冲击。

美国B-47"同温层喷气"轰炸机

制造商：波音公司
生产数量：2032架
首次服役时间：1951年
主要使用者：美国空军

基本参数	
机身长度	33.5米
机身高度	8.5米
翼展	35.4米
最大起飞重量	100000千克
最大速度	975千米/小时
最大航程	6494千米

B-47"同温层喷气"（Stratojet）轰炸机是美国波音公司研制的中程喷气式战略轰炸机，1947年12月17日首次试飞，1948年开始批量生产。虽然它在服役期间从未以轰炸机的角色参加过任何一场战争，但它在20世纪50~60年代初期承担了美国战略空军司令部战略轰炸主力的重任。

B-47轰炸机采用细长流线型机身，机翼为大后掠角上单翼，翼下吊挂6台通用电气公司生产的J47-GE-25涡轮喷气发动机，平尾位置稍高，起落架采用自行车式布置。在内侧发动机短舱装有可收放的辅助起落架。B-47轰炸机的弹舱长7.9米，可以搭载1枚4500千克的核弹，也可携带13枚227千克或8枚454千克的常规炸弹。该机还装有2门20毫米M24A1机炮，备弹700发，最大有效射程为1370米。此外，机上还装置2部安装在垂直照相架上的K-38或K-17C照相机，用于检查轰炸结果。

小知识

随着B-52轰炸机、B-58轰炸机等后继机型开始服役，B-47轰炸机于1957年逐渐退出现役。

美国B-52"同温层堡垒"轰炸机

B-52"同温层堡垒"（Stratofortress）轰炸机是美国波音公司研制的八发战略轰炸机，1952年4月首次试飞。B-52轰炸机是具有发射巡航导弹能力的美国战略轰炸机中最物美价廉的机种，这是美军选择让B-52轰炸机继续服役的重要原因，预计该机会一直服役至2050年。

B-52轰炸机的机身结构为细长的全金属半硬壳式，侧面平滑，截面呈圆角矩形。前段为气密乘员舱，中段上部为油箱，下部为炸弹舱，空中加油受油口在前机身顶部。后段逐步变细，尾部是炮塔，其上方是增压的射击员舱。动力装置为8台普惠TF33-P-3/103涡轮风扇发动机（单台推力为76千牛），分4组分别吊装于两侧机翼之下。B-52轰炸机不同型号的尾部装有不同的机枪，如G型装有4挺12.7毫米机枪。该机载弹量非常大，能携带31500千克各型核弹和常规弹药。

制造商	波音公司
生产数量	744架
首次服役时间	1955年
主要使用者	美国空军、美国国家航空航天局

基本参数

机身长度	48.5米
机身高度	12.4米
翼展	56.4米
最大起飞重量	220000千克
最大速度	1000千米/小时
最大航程	16232千米

小知识

由于B-52轰炸机的升限最高可处于地球同温层，所以被称为"同温层堡垒"。

美国B-57"堪培拉"轰炸机

B-57"堪培拉"（Canberra）轰炸机是美国马丁公司制造的全天候双座轻型轰炸机，是在英国的"堪培拉"轰炸机基础上发展而来的，不过为了满足美国空军要求，在结构上有所改进。第一架量产的B-57A轰炸机于1953年7月20日试飞，一个月后由美国空军接收。B-57B轰炸机为夜间突击轰炸机的定型机型，1954年6月，第一架B-57B轰炸机进行首次试飞，还装备了美国太平洋空军部队和空军国民警卫队所属部队。

B-57B轰炸机配置了新式前机身，武器装备的攻击能力也有很大提高。机翼下方增加了武器挂点，采用了新式武器舱门，大幅度提高了攻击能力。该机动力装置为2台J65-W-5涡轮喷气发动机，单台推力为32千牛。武器装备有8挺12.7毫米机枪，各备弹300发，或改装4门20毫米机炮。

制造商	马丁公司
生产数量	403架
首次服役时间	1954年
主要使用者	美国空军

基本参数

机身长度	20米
机身高度	4.52米
翼展	19.5米
最大起飞重量	24365千克
最大速度	960千米/小时
最大航程	4380千米

小知识

1953年7月底，B-57A轰炸机进入现役。不久后，75架A型机中的大部分被回收改造成了照相侦察平台。

美国B-58"盗贼"轰炸机

基本参数	
机身长度	29.51米
机身高度	9.12米
翼展	17.3米
最大起飞重量	80236千克
最大速度	2122千米/小时
最大航程	7600千米

制造商：康维尔公司
生产数量：116架
首次服役时间：1960年
主要使用者：美国空军

B-58"盗贼"（Hustler）轰炸机是美国康维尔公司为美国空军研制一种三角翼超音速战略轰炸机。1952年11月美国空军选中康维尔公司的方案，1956年11月11日B-58轰炸机进行了首次试飞，1960年3月进入美国空军服役，是美国空军战略司令部20世纪60年代最主要的空中打击力量。

B-58轰炸机机身为半硬壳结构，采用了悬臂中单翼，机翼为蜂窝结构，为B-58轰炸机增加燃油量起了很大的作用，蜂窝结构之间相通，燃油能够在机翼之间流动。该机采用标准舱段，飞行控制系统包括一个自动调配系统，具有三种工作模式，即起飞降落、人工操作、自动飞行状态。B-58轰炸机有着以前任何轰炸机都不曾拥有的优秀性能，复杂的航空电子设备为B-58轰炸机提供了预警和干扰功能，代表了当时航空工业的最高水准。

小知识

美国国防部提前让B-58轰炸机退役的原因在于，B-58轰炸机不仅研制、制造经费惊人，而且使用费用也相当可观，一架B-58轰炸机如果包括机组成员的装备、地面设备等算起来总价值可以达到3350万美元。

美国B-66"毁灭者"轰炸机

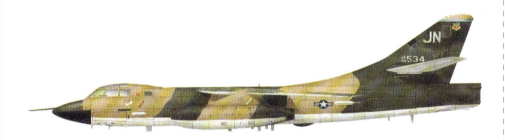

基本参数	
机身长度	22.91米
机身高度	7.19米
翼展	22.1米
最大起飞重量	37648千克
最大速度	1015千米/小时
最大航程	3974千米

制造商：道格拉斯公司

生产数量：294架

首次服役时间：1956年

主要使用者：美国空军

B-66"毁灭者"（Destroyer）轰炸机是由美国道格拉斯公司为了满足美国空军对战术轰炸机的需求而研制生产的轰炸机。1954年6月28日，首架B-66轰炸机预生产型在长滩首飞。

由于B-66轰炸机需要在低空高速飞行，所以三名乘员都需要配备向上弹射的座椅，为此需要重新设计整个座舱盖来为弹射座椅开设弹射窗口。该机加强了机身强度并略微修改了机翼平面外形，降低了翼根的厚度/弦长比，并配备了新式副翼和襟翼。其他改进还有新紧急减速板、机翼扰流板、改进的横向控制系统、机翼安装角降低2%以减小"荷兰滚"、改进的液压系统、重新设计的燃油系统、照相-导航操作台移动了位置、新的空中加油系统、机尾的通用电气公司生产的20毫米遥控炮塔。作为一种侦察战术轰炸机/核打击轰炸机，B-66轰炸机在越南多次参与实战，一般由EB-66C/E(改装的B/RB-66)负责提供电子压制。

小 知 识

虽然B-66"毁灭者"轰炸机外观上和A-3"天空战士"轰炸机非常相似，实际上两者没有一个零件是完全相同的。

美国XB-70轰炸机

XB-70轰炸机是一种美国空军在冷战时代开发的实验性三倍音速超高空战略轰炸机。XB-70轰炸机是三角翼基本构型的大型喷气机，原本是用来取代B-52"同温层堡垒"轰炸机，以超音速、超高空飞行的方式突破敌对国家的防空网，进一步投掷传统武器或核武器作为诉求的开发计划。但由于进入20世纪60年代后地对空导弹的技术逐渐提升，对XB-70轰炸机的潜在威胁大增，再加上该计划昂贵的开发费用使得它在经济效益上比不过作用类似的洲际弹道导弹，最后终于遭到取消，已经制造出来的原型实验机也被改为研究用途。

XB-70轰炸机作为一种武器来发展的目的虽然没能实现，但通过它的实际飞行，美国航空界获得许多重要的资料，间接协助了日后的超音速客机的出现。

制造商：北美航空公司
生产数量：2架
首次服役时间：未服役
主要使用者：美国空军

基本参数

机身长度	58.6米
机身高度	9.1米
翼展	32米
最大起飞重量	246000千克
最大速度	3310千米/小时
最大航程	7900千米

小知识

美国国家航空航天局（NASA）飞行研究中心曾被授命支援美国政府所进行的超音速运输计划，因此在XB-70轰炸机作为军事武器的发展目的告终之后，两架原型机的飞行研究全转向作为SST计划的实验平台用途。

美国B-1"枪骑兵"轰炸机

B-1"枪骑兵"（Lancer）轰炸机是美国北美航空公司研制的超音速轰炸机。B-1A原型机于1974年12月23日首次试飞，之后由于造价高昂遭到卡特总统取消，直到1981年里根总统上台后才恢复订购。新的B-1B轰炸机于1983年3月首飞。

B-1轰炸机的最大特点是可变后掠翼布局、翼身融合体技术，其机身和机翼之间没有明显的交接线，极大地减少了阻力，并增加升力。该机起飞时，变后掠翼处在最小后掠角位置，以获得最大升力。高速飞行时，收回到大后掠角的状态，以减小阻力，提高飞行速度。B-1轰炸机没有安装固定机炮，有6个外挂点，可携挂27000千克炸弹。另有3个内置弹舱，可携挂34000千克炸弹。该机的动力装置为4台通用电气公司生产的F101-GE-102发动机，单台推力为64.9千牛。

制造商：北美航空公司
生产数量：104架
首次服役时间：1986年
主要使用者：美国空军

基本参数

机身长度	44.5米
机身高度	10.4米
翼展	41.8米
最大起飞重量	87100千克
最大速度	1335千米/小时
最大航程	940米

小知识

B-1轰炸机首次投入实战是在1990年12月的"沙漠之狐"行动，对伊拉克进行空中轰炸。1999年，6架B-1轰炸机投入北约各国对塞尔维亚所进行的联合轰炸任务，并在仅占总飞行架次2%的情形下，投掷了超过20%的弹药量。

美国B-2"幽灵"轰炸机

制造商：诺斯洛普·格鲁曼公司
生产数量：21架
首次服役时间：1997年
主要使用者：美国空军

基本参数	
机身长度	21米
机身高度	5.18米
翼展	52.4米
最大起飞重量	170600千克
最大速度	764千米/小时
最大航程	10400千米

  B-2"幽灵"（Spirit）轰炸机是美国诺斯洛普·格鲁曼公司研制的四发战略轰炸机，也是目前世界上唯一的隐身战略轰炸机。该机于1989年7月首次试飞，之后又经历军方进行的多次试飞和严格检验，并不断根据美国空军所提出的意见进行修改，直到1997年4月才正式服役。

  B-2轰炸机的结构先进，外形奇特，可探测性极低，使其能够在较危险的区域飞行，执行战略轰炸任务。美军不仅大幅度改善B-2轰炸机的常规高精度打击能力，还逐步解决隐身设计所带来的维护问题。该机最大航程超过10000千米，并具备空中加油能力，大大增强了作战半径。B-2轰炸机的动力装置为4台通用电气公司生产的F118-GE-100发动机，单台推力为77千牛。该机没有安装固定机炮，有两个内置弹舱，可携带23000千克常规炸弹或核弹。

小知识

  B-2轰炸机每次执行任务的空中飞行时间一般不少于10小时。美国空军称其具有"全球到达"和"全球摧毁"的能力，可在接到命令后数小时内由美国本土起飞，攻击全球大部分地区的目标。

美国P-47"雷电"战斗轰炸机

基本参数	
机身长度	11.02米
机身高度	4.44米
翼展	12.44米
最大起飞重量	8800千克
最大速度	689千米/小时
最大航程	2736千米

制造商：共和飞机公司

生产数量：15636架

首次服役时间：1942年

主要使用者：美国空军

P-47"雷电"（Thunderbolt）战斗轰炸机是由美国共和飞机公司制造的单发战斗轰炸机，是美国陆军航空队在二战中后期的主力战机之一。该机的产量极高，除美国陆军航空队外，也有其他盟军空军部队使用。

P-47战斗轰炸机的设计理念是功率大、火力强、装甲厚，装有功率达1890千瓦的普惠R-2800"双黄蜂"发动机，并配有涡轮增压器，以保证发动机在高空仍可以输出巨大动力。P-47战斗轰炸机的翼形为椭圆形，机翼前方有液压操作的开缝式小翼，机翼后方有电动襟翼以帮助从俯冲中产生升力。P-47战斗轰炸机在俯冲时的速度极快，且机身结构坚固、不易解体，因此擅长采取高速俯冲的战术。该机左右机翼各有4挺12.7毫米勃朗宁M2重机枪，能在俯冲攻击时提供强劲的火力。此外，还可挂载1130千克炸弹和火箭弹。

小知识

P-47战斗轰炸机于1942年9月首先被派往西北欧战场，第一个装备P-47战斗轰炸机的部队是美国陆军航空队第56战斗机大队。战争结束后，该大队以1∶8的交换比，取得欧洲战区最优异的战斗机大队战绩。

美国F-105"雷公"战斗轰炸机

制造商：	共和飞机公司
生产数量：	833架
首次服役时间：	1958年
主要使用者：	美国空军

基本参数	
机身长度	19.63米
机身高度	5.99米
翼展	10.65米
最大起飞重量	23834千克
最大速度	2208千米/小时
最大航程	3550千米

　　F-105"雷公"（Thunderchief）战斗轰炸机是由美国共和飞机公司研制的战斗轰炸机，也是美国空军第一种超音速战斗轰炸机。该机于1955年10月22日首次试飞，1958年装备部队。1984年，所有F-105战斗轰炸机均退出现役。

　　F-105战斗轰炸机虽然属于第二代战机，但同时有战斗机和攻击机特色，可以说是现代F-15E或F/A-18等战斗轰炸机的先驱概念。该机采用全金属半硬壳式结构，悬臂式中单翼。全动式平尾的位置较低，用液压操纵。动力装置为1台J75-P-19W涡轮喷气发动机，加力推力为109千牛。F-105战斗轰炸机前机身左侧装有1门20毫米的6管机炮，备弹1029发。该机的内部武器舱很大，可载1枚1000千克或4枚110千克的炸弹或核弹。此外，翼下有4个挂架，机腹下有1个挂架，可按各种方案携带核弹、常规炸弹、AGM-12空对地导弹和AIM-9空对空导弹等。

小知识

　　1964年，美国军方对F-105B战斗轰炸机进行了特殊改装，开始了在"雷鸟"飞行表演队的短暂飞行，但仅六次表演之后，由于机身结构承受过载过大而发生了一次重大事故，表演飞机不得不又换回F-100"超佩刀"战斗机。

美国F-111"土豚"战斗轰炸机

F-111"土豚"（Aardvark）战斗轰炸机是由美国通用动力公司研制的战斗轰炸机，于1960年开始研发，1967年首飞。该机在美国空军中除了作为战术/战略轰炸外，先后有A、B、C、D、E、F、K和FB-111A等主要战斗型别，还衍生出电子干扰机型。

F-111战斗轰炸机拥有诸多当时的创新技术，包括几何可变翼、后燃器、涡轮扇发动机和低空地形追踪雷达等。由于该机是最早采用变后掠翼技术的实用飞机，先后出现过结构超重使飞机性能达不到预定指标，在飞行中因机翼转轴接头下板断裂造成毁机事故；多次发生发动机加力燃烧室熄火，以及进气道节流引起发动机喘振等。不过这些问题，在后来的型号中都逐步得到解决。该机武器系统包括机身弹舱和8个翼下挂架，可携带普通炸弹、导弹和核弹。

制造商：通用动力公司
生产数量：563架
首次服役时间：1967年
主要使用者：美国空军

基本参数

机身长度	22.4米
机身高度	5.22米
翼展	19.2米
最大起飞重量	44896千克
最大速度	2655千米/小时
最大航程	6760千米

小知识

F-111战斗轰炸机曾参加海湾战争。在整场战争之中，该机的任务达成率高于美军其他机种，平均在4.2个攻击任务中仅有1个未完成。参战的66架F-111F战斗轰炸机投掷了整场战役中80%的精准激光导引弹药，共计击毁超过1500辆伊拉克军的装甲车辆。

美国F-15E"攻击鹰"战斗轰炸机

F-15E"攻击鹰"（Strike Eagle）战斗轰炸机是美国麦克唐纳·道格拉斯公司在F-15"鹰"式战斗机的基础上改型设计的以对地攻击为主要任务的双座超音速战斗轰炸机，兼具对地攻击和空中优势能力。该机于1986年12月11日首飞，而第一架生产型则在1988年4月交付。在"沙漠风暴"行动中，该机证明了它能深入打击敌方目标，以及执行密接空中支援任务，进行空陆协同作战。

F-15E战斗轰炸机能够使用美国空军大多数的武器，包括AIM-7"麻雀"导弹、AIM-9"响尾蛇"导弹、AIM-120先进中程空对空导弹等以进行空战，并且仍装备1门20毫米M61A1机炮。该机装备了红外线夜间低空导航及瞄准系统，使它能够在夜间及任何恶劣天气条件下进行低空飞行，并且使用精确制导或无制导武器打击地面目标。

制造商：麦克唐纳·道格拉斯公司
生产数量：420架以上
首次服役时间：1988年
主要使用者：美国空军

基本参数

机身长度	19.43米
机身高度	5.63米
翼展	13.05米
最大起飞重量	36700千克
最大速度	2655千米/小时
最大航程	3900千米

小知识

虽然F-15E战斗轰炸机官方的绰号是"攻击鹰"（Strike Eagle），但F-15E在飞行员和地勤人员中更为流行的绰号是"泥鸡"（Mudhen）。

英国"蚊"式轰炸机

"蚊"式（Mosquito）轰炸机是英国德·哈维兰公司研制的双发轰炸机，1940年11月25日首次试飞。由于自身重量低、性能优良，且价格低廉、节省原料，使其迅速成为一种颇具特色的杰出机型，并被大量生产和改装。除了担任日间轰炸任务以外，还有夜间战斗机、侦察机等多种衍生型。

"蚊"式轰炸机最大的特色是机身使用木材制造，其空重、发动机功率、航程约为"喷火"战斗机的两倍，但速度比"喷火"战斗机快。尤其是在载重能力上，"蚊"式轰炸机大大超出原设计指标。所有"蚊"式轰炸机都使用劳斯莱斯或授权美国生产的梅林水冷发动机，最初使用的发动机仅有一级机械增压器，1942年改用二级机械增压器之后，"蚊"式轰炸机的有效作战高度大大提升。

制造商	德·哈维兰公司
生产数量	7781架
首次服役时间	1941年
主要使用者	英国皇家空军

基本参数

机身长度	13.57米
机身高度	5.3米
翼展	16.52米
最大起飞重量	11000千克
最大速度	668千米/小时
最大航程	2400千米

小知识

鉴于二战期间，传统飞机使用的铝材可能会匮乏，因此德·哈维兰公司使用木材代替铝材，造就了拥有"木制奇迹"之誉的"蚊"式轰炸机。

英国"兰开斯特"轰炸机

"兰开斯特"（Lancaster）轰炸机是英国阿芙罗公司研制的四发战略轰炸机，1941年1月8日首次试飞。该机是二战时期英国的重要战略轰炸机，除了轰炸任务以外，也担任电子干扰和海上巡逻等其他种类的任务。

"兰开斯特"轰炸机的动力装置为4台劳斯莱斯梅林发动机，单台功率为954千瓦。机载武器方面，该机装有8挺7.7毫米勃朗宁机枪，并可携带6350千克炸弹。"兰开斯特"轰炸机的机身结构比较坚固，但设计上存在较大问题。由于没有设置机腹炮塔，对于下方来犯的敌机，无法进行有效反击。这个缺陷被德军发现后，他们往往从后下方接近该机，然后利用倾斜式机炮，向机腹部猛轰，轻而易举即可摧毁"兰开斯特"轰炸机。

制造商	阿芙罗公司
生产数量	7377架
首次服役时间	1942年
主要使用者	英国皇家空军

基本参数

机身长度	21.11米
机身高度	6.25米
翼展	31.09米
最大起飞重量	32727千克
最大速度	456千米/小时
最大航程	4073千米

小知识

"兰开斯特"轰炸机在二战期间主要担负对德国城市的夜间轰炸任务，在执行三处德国水坝的轰炸任务之后获得"水坝克星"（Dam Buster）的昵称。

英国"海怒"战斗轰炸机

"海怒"（Sea Fury）战斗轰炸机由英国霍克公司设计和制造，是英国皇家海军最后服役的螺旋桨飞机，也是单往复式发动机飞机最快量产的机型之一。1943年，应英国皇家空军的战时要求，"海怒"战斗轰炸机正式启动研发，因此最初该机型命名为"愤怒"（Fury）。由于二战接近尾声，英国皇家空军取消了他们的订单，然而，英国皇家海军认为这种机型适合作为舰载机取代一系列日益陈旧或适合度不佳的正在使用的机型。因此"海怒"战斗轰炸机开发继续进行，并于1947年投入使用。

"海怒"战斗轰炸机配备了功率强大的布里斯托公司生产的"人马座"发动机，机翼的横切面是层流翼，两翼共配备4门西斯潘诺V机炮。

制造商：	霍克公司
生产数量：	864架
首次服役时间：	1945年
主要使用者：	英国皇家海军

基本参数

机身长度	10.56米
机身高度	4.84米
翼展	11.69米
最大起飞重量	6645千克
最大速度	740千米/小时
最大航程	1126千米

小知识

"海怒"战斗轰炸机有很多设计与霍克"暴风"战斗机相似，但"海怒"战斗轰炸机是一种相当轻的飞机，其机翼和机身起源于"暴风"战斗机，但均有显著修改和重新设计。

英国"堪培拉"轰炸机

"堪培拉"（Canberra）轰炸机是英国电气公司研制的轻型喷气式轰炸机，1949年5月13日首次试飞。

"堪培拉"轰炸机采用普通全金属半硬壳式加强蒙皮结构，机身截面呈圆形，机翼是铝合金双梁结构，在高空中具有较好机动性和良好的低速操纵性。"堪培拉"轰炸机执行轰炸任务时，弹舱内可载6枚454千克炸弹，另外在两侧翼下挂架上还可挂907千克炸弹载荷。执行空中遮断任务时，可在弹舱后部装4门20毫米机炮，前部空余部分可装16枚114毫米照明弹或3枚454千克炸弹。1963年进行改进后，"堪培拉"轰炸机能携带AS.30空对地导弹，也可携带核武器。该机的动力装置为2台劳斯莱斯"埃汶"109涡轮喷气发动机，单台推力为36千牛。

制造商：	英国电气公司
生产数量：	1352架
首次服役时间：	1951年
主要使用者：	英国皇家空军

基本参数

机身长度	19.96米
机身高度	4.77米
翼展	19.51米
最大起飞重量	24948千克
最大速度	933千米/小时
最大航程	5440千米

小知识

目前"堪培拉"轰炸机已没有一架用于执行轰炸任务，英国皇家空军中只有173架用于执行其他任务。

英国"勇士"轰炸机

制造商:维克斯·阿姆斯特朗公司

生产数量:107架

首次服役时间:1955年

主要使用者:英国皇家空军

基本参数	
机身长度	32.99米
机身高度	9.8米
翼展	34.85米
最大起飞重量	63600千克
最大速度	913千米/小时
最大航程	7245千米

"勇士"(Valiant)轰炸机是英国维克斯·阿姆斯特朗公司研制的战略轰炸机,第一架原型机于1951年进行首飞,第一架生产型于1953年12月首飞,1955年1月交付使用。

"勇士"轰炸机采用悬臂式上单翼设计,在两侧翼根处各安装有2台劳斯莱斯"埃汶"发动机。该机的机翼尺寸巨大,所以翼根的相对厚度被控制在12%,以利于空气动力学。该机的发动机保养和维修比较麻烦,且一旦某台发动机发生故障,很可能会影响到紧邻它的另一台发动机。"勇士"轰炸机的机组成员为5人,包括正副驾驶员、两名领航员和一名电子设备操作员。所有的成员都被安置在一个蛋形的增压舱内,不过只有正副驾驶员拥有弹射座椅,所以在发生事故或被击落时,其他机组成员只能通过跳伞逃生。

小 知 识

1964年12月,"勇士"轰炸机被全部停飞,各部队很快被相继解散。功勋卓著的第49中队在1965年1月最后一个告别"勇士"轰炸机。

英国"火神"轰炸机

制造商：霍克·西德利公司
生产数量：136架
首次服役时间：1956年
主要使用者：英国皇家空军

基本参数	
机身长度	29.59米
机身高度	8米
翼展	30.3米
最大起飞重量	77111千克
最大速度	1038千米/小时
最大航程	4171千米

"火神"（Vulan）轰炸机是英国霍克·西德利公司研制的中程战略轰炸机，1952年8月首次试飞。该机的主要用户为英国皇家空军，持续服役到1983年年底后全部退役。

"火神"轰炸机采用无尾三角翼气动布局，是世界上最早的三角翼轰炸机。动力装置为4台"奥林巴斯"301型喷气发动机，安装在翼根位置，进气口位于翼根前缘。"火神"轰炸机拥有一副面积很大的悬臂三角形中单翼，前缘后掠角50度。机身断面为圆形，机头上有一个大的雷达罩，上方是突出的座舱顶盖。座舱内有正副驾驶员、电子设备操作员、雷达操作员和领航员，机头下有投弹瞄准镜。机身腹部有长8.5米的炸弹舱，可挂21枚454千克级炸弹或核弹，也可以挂一枚"蓝剑"空对地导弹。

小知识

"火神"轰炸机曾经与"勇士"轰炸机和"胜利者"轰炸机一起构成英国战略轰炸机的三大支柱，合称"3V轰炸机"。

英国"胜利者"轰炸机

制造商：汉德利·佩奇公司
生产数量：86架
首次服役时间：1958年
主要使用者：英国皇家空军

基本参数	
机身长度	35.05米
机身高度	8.57米
翼展	33.53米
最大起飞重量	93182千克
最大速度	1009千米/小时
最大航程	9660千米

"胜利者"（Victor）轰炸机是英国汉德利·佩奇公司研制的战略轰炸机，1952年12月首次试飞。

"胜利者"轰炸机采用月牙形机翼和高平尾布局，四台发动机装于翼根，采用两侧翼根进气。由于机鼻雷达占据了机鼻下部的非密封隔舱，因此座舱一直延伸到机鼻，提供了更大的空间和更佳的视野。机身采用全金属半硬壳式破损安全结构，中部弹舱门用液压开闭，尾锥两侧是液压操纵的减速板。尾翼为全金属悬臂式结构，采用带上反角的高平尾，以避开发动机喷流的影响。垂尾和平尾前缘均用电热除冰。与"勇士"轰炸机和"火神"轰炸机一样，"胜利者"轰炸机只有飞行员配备了弹射座椅。该机具有速度快、飞得高、航程远的特点，作为英国最后一种战略轰炸机已于1993年退出服役生涯。

小 知 识

"胜利者"轰炸机机队在海湾战争中证明了自己，共完成了299次任务，成功率达100%。

英国"剑鱼"轰炸机

制造商：菲尔利公司

生产数量：2400架

首次服役时间：1936年

主要使用者：英国皇家海军航空队

基本参数	
机身长度	10.87米
机身高度	3.76米
翼展	13.87米
最大起飞重量	3406千克
最大速度	230千米/小时
最大航程	840千米

"剑鱼"（Swordfish）轰炸机由英国菲尔利公司设计制造，是二战时期英国皇家海军航空队使用的主要机型之一，于1936年开始投入使用。在服役初期，"剑鱼"轰炸机装备于航空母舰上作为鱼雷轰炸机使用，而到了战争中后期，则被改装为反潜和训练机。

"剑鱼"轰炸机的主武器是鱼雷，但由于是慢速的双翼飞机，所以在攻击时需要一段较长的直线路径用于俯冲投射鱼雷，这就导致它很难准确攻击到防空火力强以及速度快的军舰。不过"剑鱼"轰炸机虽然是老式的双翼飞机，但在战争中有赫赫战功，其中最著名的莫过于在塔兰托战役中重创意大利海军以及在围歼"俾斯麦"号战列舰时用鱼雷命中"俾斯麦"号尾舵造成其无法正常行进。

小 知 识

在战场中，"剑鱼"轰炸机被飞行员称呼为"细绳带"，不过并不是因为其外形，而是因为"剑鱼"轰炸机看似有无穷的改装方式以携带各种武器。

英国"哈利法克斯"轰炸机

"哈利法克斯"（Halifax）轰炸机是二战期间英国皇家空军的一种前线四引擎重型轰炸机，是著名的"兰开斯特"轰炸机同时代的产品。该机于1939年9月24日在英国皇家空军百塞斯特机场完成了首次试飞，也就是英国向德国宣战后21天。"哈利法克斯"轰炸机首先装备第35航空中队，并一直服役到二战结束。

除了轰炸任务外，"哈利法克斯"轰炸机还作为滑翔机拖机、第100联队的电子战飞机，也参加了一些特别行动，如空投间谍和武器到被占领的欧洲。"哈利法克斯"轰炸机同样也在英国皇家空军海防司令部的指挥下用于反潜战侦察和气象。

制造商：汉德利·佩奇公司
生产数量：6176架
首次服役时间：1940年
主要使用者：英国皇家空军

基本参数

机身长度	21.82米
机身高度	6.32米
翼展	31.75米
最大起飞重量	29484千克
最大速度	454千米/小时
最大航程	3000千米

小 知 识

"哈利法克斯"轰炸机是二战中英国仅次于"兰开斯特"轰炸机的第二大轰炸机。目前世上仅存一架完整的"哈利法克斯"轰炸机，存于英国约克郡航空博物馆。

英国"斯特林"轰炸机

"斯特林"（Stirling）轰炸机是肖特兄弟公司应英国空军部的要求于1936年研制的轰炸机。尽管"斯特林"轰炸机比美国和苏联的四引擎轰炸机尺寸要小一些，但它比任何过往投入的四引擎机型有着更强的动力、更好的载荷/航程比。它比"哈利法克斯"轰炸机以及后来替代它的"兰开斯特"轰炸机要大，但这两者原来设计时都使用两引擎布局。"斯特林"是当时唯一的从设计开始就采用四引擎布局的轰炸机。

尽管在操作极限高度上有着"令人失望的表现"，但"斯特林"轰炸机的驾驶员非常高兴地发现：由于其厚重的机翼，他们能够对付面对的Ju88轰炸机和由Bf-110战斗机改装的夜间战斗机，驾驶它对付上面两种飞机相对于驾驶"哈利法克斯"轰炸机和"兰开斯特"轰炸机要更容易一些。

制造商：肖特兄弟公司
生产数量：2371架
首次服役时间：1940年
主要使用者：英国皇家空军

基本参数

机身长度	26.6米
机身高度	8.8米
翼展	30.2米
最大起飞重量	31750千克
最大速度	410千米/小时
最大航程	3750千米

小 知 识

1943年12月，"斯特林"轰炸机开始从执行前线轰炸任务的位置上退出，其主要任务转为在德国港口外布置水雷、电子对抗以及在遥远的敌后进行夜间空投间谍的行动。

法国布雷盖14轰炸机

布雷盖14（Breguet 14）轰炸机是法国在一战期间装备的双座单发双翼轰炸机，1916年11月21日首次试飞，1917年投产，主要用于敌后和前线的轰炸任务。

布雷盖14轰炸机为双座双翼型，是世界上第一种装有副翼的飞机。机身为铜管组架焊接而成，截面均呈方形。机头前端装有大型长方形散热器，发动机轴从其下部穿过，带动木质两叶拉进式螺旋桨。散热器后方为发动机舱，内置雷诺水冷活塞发动机，机舱两边护盖开有密集散热孔，覆以铝合金蒙皮。纵列开敞式双座舱，前舱为驾驶员舱，舱外左侧装有7.7毫米口径固定前射机枪1挺；后舱为侦察兼射手舱，舱口装有7.7毫米口径活动双联机枪1挺。

制造商：	布雷盖公司
生产数量：	8000架
首次服役时间：	1917年
主要使用者：	法国空军

基本参数

机身长度	8.87米
机身高度	3.3米
翼展	14.36米
最大起飞重量	1536千克
最大速度	175千米/小时
最大航程	900千米

小知识

自1916年11月21日的首飞成功之后，在布雷盖公司和法国军方的多轮试飞中，布雷盖14轰炸机都表现出了稳定和灵活兼备的优良特性，性能明显超越当时法军装备的同类机型。

法国"幻影"Ⅳ轰炸机

"幻影"Ⅳ（Mirage Ⅳ）轰炸机是法国达索航空公司研制的超音速战略轰炸机，1959年6月首次试飞，且全部装备法国空军。该机是截至目前世界上最小巧的超音速战略轰炸机，可携带核弹或核巡航导弹高速突破防守，攻击敌方战略目标。

"幻影"Ⅳ轰炸机总体沿用了"幻影"系列传统的无尾大三角翼的布局，双轮纵列主起落架。基本型的主要武器为半埋在机腹下的一枚AN-11核弹（1967年后换为AN-22核弹），或16枚454千克常规炸弹，或4枚AS.37空对地导弹。总体来说，"幻影"Ⅳ轰炸机尽管很有特色，但与美国和苏联先进战略轰炸机相比，明显偏小，难以形成强大的威慑力。

制造商：	达索航空公司
生产数量：	66架
首次服役时间：	1964年
主要使用者：	法国空军

基本参数

机身长度	23.49米
机身高度	5.4米
翼展	11.85米
最大起飞重量	33475千克
最大速度	2340千米/小时
最大航程	4000千米

小知识

1956年，法国为建立独立的核威慑力量，在优先发展导弹的同时，由空军负责组织研制一种能携带原子弹执行核攻击的轰炸机。达索航空公司和南方飞机公司展开了竞争，法国空军最后选中了达索航空公司生产的"幻影"Ⅳ轰炸机。

法国"幻影"V战斗轰炸机

| 制造商：达索公司 |
| 生产数量：582架 |
| 首次服役时间：1967年 |
| 主要使用者：法国空军 |

基本参数	
机身长度	15.55米
机身高度	4.5米
翼展	8.22米
最大起飞重量	13700千克
最大速度	2350千米/小时
最大航程	4000千米

"幻影"V（Mirage V）战斗轰炸机是法国达索航空公司研制的单座单发战斗轰炸机，1967年5月首次试飞。除法国空军外，比利时、埃及和巴基斯坦等国家的空军也有装备。

"幻影"V战斗轰炸机主要用于对地攻击，也可执行截击任务。该机是在"幻影"ⅢE战斗机基础上改型设计的，采用其机体和发动机，加长了机鼻，简化了电子设备，增加了470升燃油，提高了外挂能力，可在简易机场起降。武器装备为2门30毫米机炮，7个外挂点的载弹量达4000千克。动力装置为1台"阿塔"9C涡轮喷气发动机，加力推力达60.8千牛。在执行空中截击任务时，该机可以在翼下带2枚"响尾蛇"空对空导弹，总载弹量为4000千克。

小 知 识

"幻影"V战斗轰炸机还发展了侦察型号和双座串列教练型号，其中侦察机为"幻影"VR，教练机为"幻影"VD，不过在后来交付给各国空军后才发现，和"幻影"Ⅲ的侦察型号以及教练型号相比，"幻影"VR和"幻影"VD根本没有任何明显的区别。

苏联TB-3轰炸机

制造商：	图波列夫设计局
生产数量：	818架
首次服役时间：	1932年
主要使用者：	苏联空军

TB-3轰炸机是图波列夫设计局研制的重型轰炸机，是20世纪30年代苏联空军的重要轰炸机，但到二战时已逐渐落伍，没有取得太大的战果。该机装有8挺7.62毫米机枪，并可携带2000千克炸弹。

基本参数

机身长度	24.4米
机身高度	8.5米
翼展	41.8米
最大起飞重量	19300千克
最大速度	212千米/小时
最大航程	2000千米

苏联Pe-8轰炸机

制造商：	佩特利亚科夫设计局
生产数量：	93架
首次服役时间：	1940年
主要使用者：	苏联空军

Pe-8轰炸机是佩特利亚科夫设计局研制的四发重型轰炸机，其性能与同时期欧洲和美国四发重型轰炸机接近。机载武器方面，Pe-8轰炸机装有2门20毫米ShVAK机炮，2挺12.7毫米UBT机枪和2挺7.62毫米ShKAS机枪，并可携带5000千克炸弹。

基本参数

机身长度	23.2米
机身高度	6.2米
翼展	39.13米
最大起飞重量	35000千克
最大速度	443千米/小时
最大航程	3700千米

苏联M-50轰炸机

制造商：	米亚西舍夫设计局
生产数量：	1架
首次服役时间：	未服役
主要使用者：	苏联空军

M-50轰炸机是由米亚西舍夫设计局设计生产的双座双发后掠翼超音速轰炸机，是四发动机超音速轰炸机的原型。不过该机始终没有服役，确定生产的只有1架，于1957年首飞，可携带30吨的炸弹和巡航导弹攻击美国本土或航空母舰。

基本参数

机身长度	57.48米
机身高度	8.25米
翼展	25.1米
最大起飞重量	200000千克
最大速度	1950千米/小时
最大航程	7400千米

苏联伊尔-4轰炸机

制造商：伊留申设计局
生产数量：5256架
首次服役时间：1936年
主要使用者：苏联空军、苏联海军航空队

基本参数	
机身长度	14.76米
机身高度	4.82米
翼展	21.44米
最大起飞重量	9470千克
最大速度	410千米/小时
最大航程	3800千米

　　伊尔-4轰炸机是伊留申设计局研制的中型轰炸机。苏德战争爆发后，伊留申设计局撤退到偏远的西伯利亚生产，强化了武装和装甲的新机被命名为伊尔-4轰炸机。除担负轰炸任务外，伊尔-4轰炸机还用于运输、拖曳滑翔机和实施战略侦察（炸弹舱内可以配备1台照相机）等。

　　伊尔-4轰炸机与DB-3轰炸机外形相似，头部的领航员舱略有区别。但是伊尔-4轰炸机是一架在内部结构和制造工艺上都完全不同的飞机，钢管构架承力结构已改为机身整体承力结构，所有结构变得简单和容易制造，质量也好控制。伊尔-4轰炸机的动力装置为2台图曼斯基M-88B发动机，单台功率为820千瓦。该机装有2挺7.62毫米ShKAS机枪和1挺12.7毫米UBT机枪，并可携带2700千克炸弹，也可携带火箭弹或鱼雷。

小 知 识

　　伊尔-4轰炸机非常可靠和坚固，经常在超过最大负荷和最大航程的条件下，深入敌人后方执行轰炸任务，是公认的二战中最好的中型轰炸机之一。

苏联/俄罗斯伊尔-28轰炸机

制造商：伊留申设计局

生产数量：6700架

首次服役时间：1950年

主要使用者：苏联/俄罗斯空军

基本参数	
机身长度	17.65米
机身高度	6.7米
翼展	21.45米
最大起飞重量	21200千克
最大速度	902千米/小时
最大航程	2180千米

伊尔-28轰炸机是伊留申设计局研发的中型轰炸机，1948年7月8日首次试飞。由于其设计极度成功，除了苏联外，其他一些国家也按照许可证大量制造。进入20世纪90年代后，仍然有数百架伊尔-28轰炸机继续服役。

伊尔-28轰炸机为常规布局，有3名乘员，驾驶员和领航员舱在机头，机尾有密封的通信射击员舱。唯一较为新颖的设计是带后掠的水平尾翼以及提供给驾驶员的水泡座舱和弹射座椅。该机可在炸弹舱内携带4枚500千克或12枚250千克炸弹，也能运载小型战术核武器，翼下还有8个挂架，可挂火箭弹或炸弹。机头和机尾各装2门HP-23机炮，备弹650发。该机的动力装置是2台克里莫夫VK-1A发动机，单台推力为26.5千牛。

小知识

苏联从20世纪80年代起将伊尔-28轰炸机逐步撤出了现役。然而埃及空军的苏制伊尔-28轰炸机直到1990年仍然在执行任务。

苏联雅克-4轰炸机

制造商：雅克列夫设计局
生产数量：90架
首次服役时间：1940年
主要使用者：苏联空军

雅克-4是雅克列夫设计局研制的侦察轰炸机，曾参加过二战。该机使用两台M-105液冷发动机，但在机翼外段增设了两个燃料槽，使得该机的燃料携带量增加了180升。由于动力不足的原因，该机的载弹量非常有限，全部炸弹加上两挺机枪和弹药也不能超过350千克。

基本参数

机身长度	10.18米
机身高度	3.6米
翼展	14米
最大起飞重量	6115千克
最大速度	533千米/小时
最大航程	925千米

苏联雅克-28轰炸机

制造商：雅克列夫设计局
生产数量：1180架
首次服役时间：1960年
主要使用者：苏联空军

雅克-28是雅克列夫设计局研制的第一种超音速飞机。该机最初是作为轰炸机而研制的后掠翼双发飞机，后来又发展出了侦察机、电子战飞机、教练机和拦截机等多种型号，甚至还在给列宁格勒传递报纸模板的任务中充当过一段时间的运输机。

基本参数

机身长度	21.6米
机身高度	3.95米
翼展	12.5米
最大起飞重量	20000千克
最大速度	2009千米/小时
最大航程	2630千米

苏联图-2轰炸机

制造商：图波列夫设计局
生产数量：2257架
首次服役时间：1942年
主要使用者：苏联海军航空队

图-2轰炸机是图波列夫设计局研制的中型轰炸机。该机装有2门23毫米机炮和3挺12.7毫米机枪，并可携带3000千克炸弹。在二战期间，图-2轰炸机作为苏联红军的水平轰炸机甚至俯冲轰炸机，参与了苏德战争中后期的主要战役。

基本参数

机身长度	13.8米
机身高度	4.13米
翼展	18.86米
最大起飞重量	11768千克
最大速度	521千米/小时
最大航程	2020千米

苏联图-4轰炸机

图-4轰炸机是图波列夫设计局研制的战略轰炸机，是在美国B-29轰炸机基础上改进而来的，除了作为轰炸机外，还可改装为加油机和预警机使用。该机各方面性能比B-29轰炸机都有所提高，发动机功率更大，并装有涡轮增压器。

航空电子设备方面，图-4轰炸机配有当时比较先进的航行雷达、天文罗盘、PB-10无线电高度表等。轰炸瞄准具在当时也很先进，有陀螺仪保持水平，可自动瞄准和跟踪轰炸目标，与自动驾驶仪并联，进入轰炸航路后由轰炸领航员直接操纵飞机轰炸。图-4轰炸机有5个炮塔，装10门23毫米机炮。5个炮塔中的3个炮塔可以对地射击，可以由3个人分别射击，也可以由一个人遥控操纵3个炮塔同时射击地面某个目标。

制造商：图波列夫设计局
生产数量：847架
首次服役时间：1949年
主要使用者：苏联空军

基本参数

机身长度	30.18米
机身高度	8.46米
翼展	43.05米
最大起飞重量	55600千克
最大速度	558千米/小时
最大航程	5400千米

小知识

图-4轰炸机是苏联第一种战略轰炸机，1951年10月18日苏联使用该机空投了本国第一颗原子弹。除作为轰炸机使用外，图-4轰炸机也被改装为加油机使用。

苏联图-14轰炸机

图-14轰炸机是一款使用双涡轮喷气发动机的轻型鱼雷轰炸机，由图-73轰炸机衍生而来。1949年10月13日，图-14轰炸机进行首次飞行。

生产型的图-14轰炸机在经过改装后可昼夜两用，改装之处仅在一个没有加压的中央机舱，内置两个自动旋转的摄影镜头，另外在炸弹舱安装了两个油箱和另一个用于白天的倾斜照相机。所有照相机和镜头都使用电来加热，以防止照相机和镜头在高海拔地区产生雾及冰。夜间使用时，炸弹舱中的油箱和摄像机会被移除，并携带各种闪光弹来照亮目标。此外，PSBN-M导航雷达的屏幕可以使用一个特殊的照相机进行影像记录，而飞行员和导航员可以使用一个录音机来记录他们自己的观察结果。

制造商：图波列夫设计局
生产数量：150架
首次服役时间：1952年
主要使用者：苏联海军航空队

基本参数

机身长度	21.95米
机身高度	5.69米
翼展	21.69米
最大起飞重量	25350千克
最大速度	845千米/小时
最大航程	2930千米

小知识

图-14轰炸机投入生产后，首先装备苏联海军航空队，并一直服役至1959年。该机种退役后，有几架图-14轰炸机被用于各种测试方案，如冲压式喷气发动机的相关测试。

苏联/俄罗斯图-16轰炸机

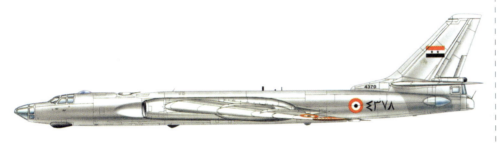

制造商：图波列夫设计局
生产数量：1509架
首次服役时间：1954年
主要使用者：苏联/俄罗斯空军

基本参数	
机身长度	34.8米
机身高度	10.36米
翼展	33米
最大起飞重量	79000千克
最大速度	1050千米/小时
最大航程	7200千米

　　图-16轰炸机是图波列夫设计局研制的一种双发高亚音速战略轰炸机，于1952年开始首飞。该机有图-16A、B、C、D、E、F、G、H、J、K、L等多种型号，除主要作为轰炸机使用外，还被改装担负空中侦察、空中加油等任务。

　　图-16轰炸机是根据西欧北大西洋公约组织成员国的重要军事目标进行战略轰炸要求而设计的，性能和尺寸大致和美国的B-47轰炸机以及英国的"勇士""火神"和"胜利者"轰炸机相当。该机机身为全金属半硬壳结构，椭圆形截面。机翼为悬臂中单翼，双梁盒形结构。整个机翼由中央翼、左右内翼、左右外翼组成。武器弹舱位于机身中段，载弹量9000千克。机腹下有长6.5米的弹舱，载弹量9000千克。采用水平投弹方式轰炸。海上作战时，可装载鱼雷或水雷。

> **小 知 识**
>
> 　　图-16轰炸机在尚未投入现役之前，就被证明在受到超音速歼击机的拦截时生存率很低，存在航速不高、载弹量不大、航程不远、突防手段少等问题。

苏联/俄罗斯图-95轰炸机

| 制造商：图波列夫设计局 |
| 生产数量：500架 |
| 首次服役时间：1956年 |
| 主要使用者：苏联/俄罗斯空军、俄罗斯空天军 |

基本参数	
机身长度	49.5米
机身高度	12.12米
翼展	54.1米
最大起飞重量	188000千克
最大速度	925千米/小时
最大航程	15000千米

图-95轰炸机是图波列夫设计局研制的长程战略轰炸机，1952年11月12日首次试飞，1955年7月在图西诺机场举行的航空展首次对外公开展示。除用作战略轰炸机外，它还可以执行电子侦察、照相侦察、海上巡逻反潜和通信中继等任务。

图-95轰炸机的机身为半硬壳式全金属结构，截面呈圆形。机身前段有透明机头罩、雷达舱、领航员舱和驾驶舱。后期改进型号取消了透明机头罩，改为安装大型火控雷达。起落架为前三点式，前起落架有两个机轮，并列安装。图-95轰炸机使用4台NK-12涡桨发动机，最大时速超过了900千米/小时，这使其成为速度最快、最大的螺旋桨飞机。在武装方面，图-95轰炸机除安装有单座或双座23毫米Am-23机尾机炮外，还能携挂25000千克的炸弹和导弹，其中包括Kh-55亚音速远程巡航导弹。

小知识

2013年，俄罗斯空军开始升级在役的部分轰炸机图-95MS至图-95MSM。此次升级主要是更换该机的航空电子设备，而机身和发动机保持不变。

苏联/俄罗斯图-22轰炸机

制造商：图波列夫设计局
生产数量：311架
首次服役时间：1962年
主要使用者：苏联/俄罗斯空军

基本参数	
机身长度	41.6米
机身高度	10.13米
翼展	23.17米
最大起飞重量	92000千克
最大速度	1510千米/小时
最大航程	4900千米

图-22轰炸机是一种超音速战略轰炸机，也是苏联装备的第一种超音速轰炸机。该机于1959年9月7日首飞成功，最初设计目的是要取代当时的图-16轰炸机，以超音速的飞行性能突破防空网和空中拦截，对欧洲的战略目标投掷核武器攻击。图-22轰炸机除了担任轰炸任务以外，也担负侦察、电子作战与攻击航空母舰战斗群等任务。

图-22轰炸机的头部很尖，机翼很薄，后掠角大，机身外形流线光滑。按跨音速面积律设计，两台发动机安装在机身尾部上方、垂尾的两侧。平尾、垂尾都有较大的后掠角。图-22轰炸机的自卫武器很少，仅在尾部有1门30毫米机炮。自卫手段主要靠速度，夜间使用电子干扰机自卫。由于重量大，机翼面积较小，故其盘旋性能不好，投放武器时机动范围小。该机的综合作战能力介于美国的B-58轰炸机和英国的"3V"轰炸机之间。

小知识

苏联解体后，最后一架图-22轰炸机在1998年于乌克兰空军除役。

苏联/俄罗斯图-22M轰炸机

制造商：图波列夫设计局

生产数量：497架

首次服役时间：1972年

主要使用者：苏联/俄罗斯空军、俄罗斯空天军

基本参数	
机身长度	42.4米
机身高度	11.05米
翼展	34.28米
最大起飞重量	126000千克
最大速度	2327千米/小时
最大航程	7000千米

图-22M轰炸机是图波列夫设计局研发的长程战略轰炸机，其前身为图-22轰炸机。1967年，图波列夫设计局开始图-22M轰炸机设计方案，1969年8月完成试飞。

图-22M轰炸机最大的特色在于变后掠翼设计，低单翼外段的后掠角可在20度~55度之间调整，垂尾前方有长长的脊面。在轰炸机尾部设有一个雷达控制的自卫炮塔，武装为1门23毫米双管炮。起落架采用前三点式可收放结构，主起落架为多轮小车式。图-22M轰炸机的机载设备较新，其中包括具有陆上和海上下视能力的远距探测雷达。该机既可以进行战略核轰炸，也可以进行战术轰炸，还可携带大威力反舰导弹，远距离快速攻击航空母舰编队，部署在任何一个地方，都对战略空间是一种巨大的威慑。

小 知 识

2016年8~9月，俄罗斯空天军远程航空兵连续出动6架图-22M3战略轰炸机，对极端组织"伊斯兰国"在叙利亚境内的大本营拉卡实施打击。

苏联/俄罗斯图-160轰炸机

| 制造商: 图波列夫设计局 |
| 生产数量: 35架 |
| 首次服役时间: 1987年 |
| 主要使用者: 苏联/俄罗斯空军 |

基本参数	
机身长度	54.1米
机身高度	13.1米
翼展	55.7米
最大起飞重量	275000千克
最大速度	2000千米/小时
最大航程	12300千米

　　图-160轰炸机是图波列夫设计局研发的长程战略轰炸机，1981年12月首次试飞。

　　图-160轰炸机座舱内有4名机组人员，前后并列，均有单独的零-零弹射座椅。由于体积庞大，图-160轰炸机驾驶舱后方的成员休息区中甚至还设有一个厨房。该机有两个内置弹舱，可携挂40吨导弹和炸弹等武器。图-160轰炸机可携带的导弹包括Kh-15短程巡航导弹、Kh-55SM/101/102空对地导弹，炸弹则以FAB-250/500/1500无导引炸弹为主。图-160轰炸机的作战方式以高空亚音速巡航、低空高亚音速或高空超音速突防为主。在高空可发射具有火力圈外攻击能力的巡航导弹。进行防空压制时，可发射短距攻击导弹。另外，该机还可低空突防，用核炸弹或导弹攻击重要目标。

小 知 识

　　图-160轰炸机以优雅的外形和俄罗斯空军的白色涂装使其被赋予"白天鹅"的称号。

苏联苏-7战斗轰炸机

制造商：苏霍伊设计局

生产数量：1847架

首次服役时间：1959年

主要使用者：苏联空军、印度空军

基本参数	
机身长度	16.8米
机身高度	4.99米
翼展	9.31米
最大起飞重量	15210千克
最大速度	1150千米/小时
最大航程	1650千米

苏-7战斗轰炸机是苏联苏霍伊设计局于20世纪50年代研制的喷气式战斗轰炸机，是作为米格-19的后继型设计的，于1955年9月首次试飞。

苏-7战斗轰炸机具有常规大后掠翼、单喷射发动机，设计目的是为苏联空军提供一种前线支援飞机。该机有较高的推重比，中高空机动性能较好。不过，苏-7战斗轰炸机对跑道要求较高，早期机型不能在野战机场使用。作为战斗轰炸机，苏-7没有装备雷达，只有简单的航空电子系统。苏-7战斗轰炸机的固定武器为2门30毫米机炮（每门备弹30发），还可携带火箭弹、炸弹等执行对地支援任务。苏-7战斗轰炸机的后期型号可投放战术核武器，是第一种具备此能力的苏联战机。

小知识

印度空军的苏-7战斗轰炸机参加了1971年的印巴战争。印度共出动6个中队的苏-7战斗轰炸机，合计出动超过1500架次，主要担任对地攻击任务。

俄罗斯苏-34战斗轰炸机

制造商：苏霍伊设计局

生产数量：127架

首次服役时间：2014年

主要使用者：俄罗斯空军

基本参数	
机身长度	23.34米
机身高度	6.09米
翼展	14.7米
最大起飞重量	45100千克
最大速度	2200千米/小时
最大航程	4000千米

　　苏-34战斗轰炸机是苏霍伊设计局研制的双发重型战斗轰炸机，1990年4月13日首次试飞。

　　苏-34战斗轰炸机的最大特征是其扁平的机头，由于采用了并列双座的设计，使得机头增大，于是为了减小体积而将机头设计为扁平。该机采用了许多先进的装备，包括装甲座舱、液晶显示器、新型数据链、新型火控计算机、后视雷达等。为了适应轰炸任务，该机在座舱外加装了厚达17毫米的钛合金装甲。苏-34战斗轰炸机装有1门30毫米GSh-30-1机炮（备弹180发），外挂点多达12个，可挂载大量导弹、炸弹和各类荚舱，具备多任务能力。此外，该机还加强了起落架的负载能力，其双轮起落架使其具备在前线野战机场降落的能力，大大增强了作战灵活性。

小知识

　　2015年11月24日发生土耳其击落俄罗斯战斗机事件后，在11月30日的轰炸任务中，苏-34战斗轰炸机首次挂载短程及中程空对空导弹执行任务。

西班牙HA-1112"鹎鹏"战斗轰炸机

制造商：	西斯潘诺公司
生产数量：	239架
首次服役时间：	1954年
主要使用者：	西班牙空军

HA-1112"鹎鹏"（Buchon）战斗轰炸机由西班牙西斯潘诺公司研制，虽然它在尚未服役之前就已经落后于问世不久的喷气式战斗机，但西班牙军方仍然认为它是一种优秀的战斗轰炸机。

基本参数

机身长度	8.49米
机身高度	2.6米
翼展	9.92米
最大起飞重量	3200千克
最大速度	600千米/小时
最大航程	690千米

德国Do 217轰炸机

制造商：	道尼尔公司
生产数量：	1925架
首次服役时间：	1940年
主要使用者：	德国空军

Do 217轰炸机是德国道尼尔公司研制的双发重型轰炸机，拥有比其他德国双发轰炸机都大的载弹量。Do 217轰炸机可以携带的炸弹比Ju 88轰炸机的早期型号都多，而Do 217轰炸机的速度也很快，在最大平飞速度这一项上甚至超过了Ju 88轰炸机。

基本参数

机身长度	18.2米
机身高度	5米
翼展	19米
最大起飞重量	13180千克
最大速度	487千米/小时
最大航程	2050千米

德国He 111轰炸机

制造商：	亨克尔公司
生产数量：	6508架
首次服役时间：	1935年
主要使用者：	德国空军

He 111轰炸机是德国亨克尔公司研制的中型轰炸机，是德国空军轰炸机中装备数量最多的机种。它在整个二战期间于欧洲战事前线四周担当多种不同角色，包括在不列颠空战期间作为战略轰炸机、在大西洋海战中用作鱼雷轰炸机及在西战线、东战线、地中海、中东、非洲战线作为中型轰炸机及运输机等。

基本参数

机身长度	16.4米
机身高度	4米
翼展	22.6米
最大起飞重量	14000千克
最大速度	440千米/小时
最大航程	2300千米

德国He 118轰炸机

制造商：亨克尔公司

生产数量：15架

首次服役时间：未服役

主要使用者：德国空军

　　He 118轰炸机是德国亨克尔公司研制的单翼俯冲轰炸机，机身设计为流线型，采用可收放式起落架。但He 118轰炸机无空气减速板而令其最大俯冲角度只有50度，其设计更像是水平轰炸机而非俯冲轰炸机，由于其俯冲飞行性能不高，导致参选德国空军新式俯冲轰炸机失败。

基本参数

机身长度	11.8米
机身高度	3.1米
翼展	15米
最大起飞重量	4128千克
最大速度	394千米/小时
最大航程	1250千米

德国He 177轰炸机

制造商：亨克尔公司

生产数量：1169架

首次服役时间：1942年

主要使用者：德国空军

　　He 177轰炸机是德国亨克尔公司研制的重型轰炸机。该机装有2门20毫米MG151机炮、1挺7.92毫米MG81机枪和4挺13毫米MG131机枪，分布在机身各处。一般情况下，该机可以携带6000千克炸弹，可根据任务需要灵活选择挂载方案。

基本参数

机身长度	22米
机身高度	6.67米
翼展	31.44米
最大起飞重量	32000千克
最大速度	565千米/小时
最大航程	5600千米

德国Ju 87轰炸机

制造商：容克斯公司

生产数量：6000架

首次服役时间：1936年

主要使用者：德国空军

　　Ju 87轰炸机是德国容克斯公司研制的俯冲轰炸机，其最大的特点在于双弯曲的鸥翼型机翼、固定式的起落架及其独有低沉的尖啸声。机载武器为2挺7.92毫米MG17机枪和1挺7.92毫米MG15机枪，并可携带多枚50千克或250千克炸弹。

基本参数

机身长度	11米
机身高度	4.23米
翼展	13.8米
最大起飞重量	5000千克
最大速度	390千米/小时
最大航程	500千米

德国Ju 88轰炸机

制造商：	容克斯公司
生产数量：	15183架
首次服役时间：	1939年
主要使用者：	德国空军

基本参数	
机身长度	14.85米
机身高度	4.85米
翼展	20米
最大起飞重量	12670千克
最大速度	360千米/小时
最大航程	1580千米

　　Ju 88轰炸机是德国容克斯公司研制的中型轰炸机，是德国空军在二战期间所使用的标准战斗用飞机之一，于1936年12月首次试飞。

　　Ju 88轰炸机最初目标是作为快速轰炸机与俯冲轰炸机。后续的多种修改让它拥有长程轰炸机、鱼雷轰炸机、水雷布雷机、海面或长程侦察机、气象观察机、战斗轰炸机、驱逐机、夜间战斗机、坦克杀手、地面攻击机等多种角色，在战争末期甚至曾改装为飞行炸弹。Ju 88轰炸机采用全金属结构，动力装置为2台容克斯Jumo 211J水冷活塞发动机，单台功率为1044千瓦。载弹量为2500千克，自卫武器为2挺13毫米机枪和3挺7.9毫米机枪。总体来说，Ju 88轰炸机性能优异，自卫火力强，俯冲时还能进行机动，提高了生存力。正因为Ju 88轰炸机的优异表现，使德军决定全力生产该机，而不再发展四发远程战略重轰炸机。

小 知 识

　　Ju 88轰炸机在战争中担任过许多不同的任务，被昵称为"全方位工作机"，又被称为"万能博士"。

攻击机

第4章

攻击机是在战场上最容易受到对方攻击而损失的机种,为提高生存力,一般在其要害部位有装甲防护。攻击机具有良好的低空操纵性、安定性和良好的搜索地面小目标能力,可配备品种较多的对地攻击武器。

美国A-1 "天袭者" 攻击机

制造商：道格拉斯公司
生产数量：3180架
首次服役时间：1946年
主要使用者：美国空军、美国海军

基本参数	
机身长度	11.84米
机身高度	4.78米
翼展	15.25米
最大起飞重量	11340千克
最大速度	518千米/小时
最大航程	2115千米

A-1 "天袭者"（Skyraider）攻击机是美国道格拉斯公司研制的螺旋桨攻击机，1945年3月首次试飞。该机是服役时间最长的活塞发动机攻击机，拥有长续航力、低速控制和机动性，以及惊人的载弹量，主要任务是对地攻击，成为美军在喷气动力时代对地支援任务的致命武器。

A-1攻击机采用全金属半硬壳式铝合金结构机身，全金属悬臂式下单翼，机翼为梯形平直翼。尾翼为常规倒T形布局，平尾无反角，垂尾和平尾后缘有全翼展方向舵和升降舵。A-1攻击机绝大多数型号都安装一台赖特R-3350 "双旋风" 双排气冷十八缸星型发动机，具有水-甲醇喷射加力系统，可以降低空气入口温度。A-1攻击机装有两门20毫米M2机炮，每门备弹200发。全机共有15个挂架，总挂载能力为3600千克。

小 知 识

20世纪60年代，A-1攻击机曾两次击落米格-17战斗机，创下少见的螺旋桨飞机击落喷气式飞机的纪录。

美国A-4"天鹰"攻击机

制造商：道格拉斯公司
生产数量：2960架
首次服役时间：1956年
主要使用者：美国空军、美国海军、美国海军陆战队

基本参数	
机身长度	12.22米
机身高度	4.57米
翼展	8.38米
最大起飞重量	11136千克
最大速度	1077千米/小时
最大航程	3220千米

  A-4"天鹰"（Skyhawk）攻击机是美国道格拉斯公司研制的单座攻击机，1954年6月首次试飞。该机在美国主要作为舰载攻击机使用，仅装备美国海军和海军陆战队。不过，新加坡、新西兰、以色列、阿根廷、印度尼西亚、科威特和马来西亚等国家的空军也装备了A-4攻击机。

  A-4攻击机采用1台普惠J52-P-408A发动机，在执行攻击任务时，最大作战半径可达530千米。机头左侧带有空中受油设备，在进行空中加油之后，作战半径和航程都有较大增加。A-4攻击机机翼根部下侧装有2门20毫米MK-12火炮，每门备弹200发。机上有5个外挂点，机身下和两翼下各有1个武器挂架，可挂载普通炸弹、空对地导弹和空对空导弹，最大载弹量4150千克。

小知识

  1955年10月26日，一架早期生产型A-4A攻击机在爱德华兹空军基地上空500千米圆周航线上飞出了时速1118.67千米的世界速度纪录。

美国A-7"海盗"Ⅱ攻击机

A-7"海盗"Ⅱ（CorsairⅡ）攻击机是美国林-特姆科-沃特公司研制的轻型攻击机，用于取代A-4"天鹰"攻击机。该机于1965年9月首次试飞。虽然该机原本仅针对美国海军航空母舰操作而设计，但因其性能优异，后来也获美国空军及国民警卫队接纳使用。

A-7攻击机的机体设计源自F-8"十字军"超音速战斗机，它是第一架配备有现代抬头显示器、惯性导航系统与涡扇发动机的作战机种。虽然A-7攻击机理论上的最大载弹量为6804千克，但受到最大起飞重量的限制，一旦采用最大载弹量则必须严格限制内装油量。作为常年飞行于低高度防空火力网内的攻击机，A-7攻击机的低战损率和高任务效能都很突出。各型A-7攻击机与服役中的其他同类飞机相比，都是最具性价比的武器系统。

制造商	林-特姆科-沃特公司
生产数量	1569架
首次服役时间	1967年
主要使用者	美国空军、美国海军

基本参数

机身长度	14.06米
机身高度	4.89米
翼展	11.80米
最大起飞重量	19050千克
最大速度	1065千米/小时
最大航程	2485千米

小知识

1983年10月，美国为维护其加勒比地区利益而对格林纳达发动了武装入侵。1983年10月25日"独立"号航空母舰出动A-6、A-7攻击机对萨林斯角机场实施火力压制。

美国A-10"雷电"Ⅱ攻击机

A-10"雷电"Ⅱ（ThunderboltⅡ）攻击机是美国费尔柴德公司研制的双发单座攻击机，1972年5月首次试飞。该机主要依靠强大的火力执行对地攻击，是美国空军现役一种负责提供对地面部队的密集支援任务的型号，包括攻击敌方坦克、武装车辆、重要地面目标等。在经过升级和改进之后，预计一部分A-10攻击机将会在美国空军服役至2028年。

A-10攻击机的机翼面积大、展弦比高，并拥有大的副翼，因此在低空低速时有优异的机动性。高展弦比也使A-10攻击机可以在相当短的跑道上起飞及降落，并能在接近前线的简陋机场运作，因此可以在短时间内抵达战区。A-10攻击机的滞空时间相当长，能够长时间盘旋于任务区域附近并在300米以下的低空执行任务。执行任务时，其飞行速度一般都相对较低，以便发现、瞄准及攻击地面目标。

制造商	费尔柴德公司
生产数量	716架
首次服役时间	1977年
主要使用者	美国空军

基本参数

机身长度	16.16米
机身高度	4.42米
翼展	17.42米
最大起飞重量	23000千克
最大速度	706千米/小时
最大航程	4150千米

小知识

"雷电"Ⅱ的绰号来自二战时期表现出色的P-47"雷电"战斗轰炸机。不过，相对于"雷电"这个名称而言，A-10攻击机更常被美军昵称为"疣猪"（Warthog）或简称"猪"（Hog）。

美国A-20"浩劫"攻击机

A-20"浩劫"（Havoc）攻击机是美国道格拉斯公司研制的三座双发攻击机，也可作为轻型轰炸机和夜间战斗机使用，其公司内部编号为DB-7。该机非常适应轻型轰炸机和夜间战斗机的角色，并在每一个战区都有所表现。A-20攻击机于1939年1月首次试飞。在二战期间，除美国陆军航空队外，其他国家也装备了A-20攻击机。

A-20攻击机在机鼻装有4挺7.7毫米勃朗宁机枪，还可在其他部位加装2挺7.7毫米勃朗宁机枪和1挺7.7毫米维克斯宁机枪。该机的动力装置为2台赖特R-2600-A5B发动机，单台功率为1268千瓦。虽然A-20攻击机在同类型战机中不是速度最快也不是航程最长的，但它被归类为坚固可靠的作战机，凭借速度和机动性获得良好的声誉。

制造商	道格拉斯公司
生产数量	7478架
首次服役时间	1941年
主要使用者	美国陆军航空队

基本参数

机身长度	14.63米
机身高度	5.36米
翼展	18.69米
最大起飞重量	12338千克
最大速度	546千米/小时
最大航程	1690千米

小知识

"珍珠港"事件爆发时，美军有一个中队的A-20攻击机被日机炸毁在机场上。美军的A-20攻击机后来大多用在南太平洋地区。

美国A-37"蜻蜓"攻击机

A-37"蜻蜓"（Dragonfly）攻击机是美国赛斯纳公司以T-37"鸣鸟"教练机为基础开发的单座双发攻击机，1963年11月首次试飞，同年开始批量生产。由于其优异的低空机动性和高出击率，往往能在战场上发挥极大威力。越南战争后，美国空军把A-37攻击机用于作为二线空军的空军国民警卫队，直至1992年才退役，其他出口到南美洲的A-37攻击机继续参与当地的反游击战争。

A-37攻击机的低空机动性较好，其动力装置为2台通用电气公司生产的J85-EG-17A发动机，单台推力12.7千牛。该机的机载武器为1挺7.62毫米GAC-2B/A六管机枪，射速3000～6000发/分钟，备弹1500发。翼下8个挂架可挂载各种导弹、炸弹和火箭巢，最大载弹量2100千克。

制造商	赛斯纳公司
生产数量	577架
首次服役时间	1967年
主要使用者	美国空军

基本参数

机身长度	8.62米
机身高度	2.7米
翼展	10.93米
最大起飞重量	6350千克
最大速度	816千米/小时
最大航程	1480千米

小知识

美国空军曾使用A-37攻击机参加20世纪60年代后期的亚洲局部战争，凭借优异的低空机动性和高出击率，该机在战争中发挥了极大威力。

美国AC-47"幽灵"攻击机

AC-47"幽灵"（Spooky）攻击机是美国道格拉斯公司以C-47运输机为基础改进而来的中型攻击机，通常被用作密接空中支援用途。该机并没有运用任何尖端科技，无论是平台还是武器都来自陈旧但十分成熟的技术，利用全新的概念将其整合起来，使它成为越南战场上最受欢迎的武器之一。

AC-47攻击机的固定武器为3挺7.62毫米通用电气公司生产的GAU-2机枪或10挺7.62毫米勃朗宁M2机枪，还可携带48枚Mk 24减速照明弹，能为地面部队提供有效的近距空中支援。美军使用AC-47攻击机的战术一般是采用双机编队，一架AC-47攻击机投放照明弹，掩护另一架AC-47攻击机进行攻击。Mk 24减速照明弹的亮度很强，发光持续时间可达3分钟。由于火力强大，续航时间长，一架AC-47攻击机便可以封锁相当大的地域。

制造商	道格拉斯公司
生产数量	53架
首次服役时间	1965年
主要使用者	美国空军

基本参数

机身长度	19.6米
机身高度	5.2米
翼展	28.9米
最大起飞重量	14900千克
最大速度	375千米/小时
最大航程	3500千米

小知识

AC-47攻击机是一系列"空中炮艇"（Gunship）的首创之作，除了正式代号"幽灵"外，它还有个较为亲密的昵称"魔法龙帕夫"（源自一首1963年时发表的美国流行歌曲）。

美国AC-119攻击机

AC-119攻击机是美国费尔柴德公司在C-119运输机基础上改装的新一代"空中炮艇"，有AC-119G"暗影"（Shadow）和AC-119K"螯刺"（Stinger）两种型号。

改装后的AC-119攻击机在机身左侧安装了2门20毫米M61A1机炮和4挺7.62毫米SUU-11/A机枪，经过实战检验后，飞行员对7.62毫米机枪更为青睐，因为与20毫米机炮相比，飞机可以携带更多的小口径机枪弹药。AC-119攻击机还可携带60枚Mk 24减速照明弹，并在机身左侧安装一部AVQ-8氙探照灯，机身右侧安装LAU-74A照明弹发射器，有利于夜间作战。

制造商	费尔柴德公司
生产数量	52架
首次服役时间	1968年
主要使用者	美国空军

基本参数

机身长度	26.36米
机身高度	8.12米
翼展	33.31米
最大起飞重量	28100千克
最大速度	335千米/小时
最大航程	3100千米

小知识

1968年11月，美国空军第71特别行动中队装备AC-119G攻击机开赴越南芽庄，开始了在越南的征战生涯。

美国AC-130攻击机

制造商：洛克希德公司、洛克威尔公司
生产数量：47架
首次服役时间：1968年
主要使用者：美国空军

基本参数	
机身长度	29.8米
机身高度	11.7米
翼展	40.4米
最大起飞重量	69750千克
最大速度	480千米/小时
最大航程	4070千米

AC-130攻击机是美国洛克希德公司以C-130"大力神"运输机为基础改装而成的"空中炮艇"机种，主要用于密接空中支援与武装侦察等用途，于1966年首次试飞。迄今为止，AC-130攻击机共出现过四种不同的版本，分别是洛克希德公司负责改装的AC-130A/E/H，以及洛克威尔公司负责改装的AC-130U。

AC-130攻击机装有各种不同口径的机炮，以至于后期机种所搭载的博福斯炮或榴弹炮等重型火炮，对于零星分布于地面、缺乏空中火力保护的部队有致命性的打击能力。最新的AC-130U使用4台艾里逊T56-A-15发动机，机载武器包括1门侧向的博福斯40毫米L/60速射炮与M102型105毫米榴弹炮。原本在AC-130H上的2门20毫米M61"火神"机炮被1门25毫米GAU-12机炮所取代，拥有3000发弹药，射程超过3657米。

小 知 识

为了强化AC-130攻击机的攻击火力与战场生存率，2005年起空军特种作战司令部也开始评估在AC-130攻击机上换装120毫米火炮系统。除了拥有更远的攻击距离与较佳的破坏力/重量比之外，120毫米的主炮能与美国其他军种所使用的弹药拥有更高的通用性。

美国OV-10"野马"攻击机

基本参数	
机身长度	13.41米
机身高度	4.62米
翼展	12.19米
最大起飞重量	6552千克
最大速度	463千米/小时
最大航程	2224千米

制造商：北美航空公司

生产数量：360架

首次服役时间：1968年

主要使用者：美国空军、美国海军、美国海军陆战队

OV-10"野马"（Bronco）攻击机是美国北美航空公司研制的双发双座轻型多用途攻击机，1965年7月首次试飞。

OV-10攻击机采用双尾梁布局，主翼中央是主机身，机身下部设有一对八字形的短翼，它的前部是由大块玻璃组成的纵列双座复式操作座舱。OV-10攻击机的动力装置为2台加勒特T-76-G420/421发动机，单台功率为775千瓦，各驱动一个直径2.59米的三叶螺旋桨。该机的固定武器为4挺7.62毫米M60机枪，全机共7个外挂点（主翼下左右各有1个，机身下中央有1个，机身下两侧短翼各有2个），可挂载各种导弹、火箭发射巢、炸弹、机枪、机炮吊舱或副油箱。OV-10攻击机可用于进行前进空中控制、空中火力侦察、直接对地支援、直升机护卫，另外还被用于放射性侦察、战术空中观察、火炮以及舰炮定位、战术航空作战的空中控制、低空航拍等。

小 知 识

在越南战争中，OV-10攻击机为海军陆战队的地面行动提供了大量的直接空中火力支援和战术情报信息。

美国F-117"夜鹰"攻击机

制造商：洛克希德公司

生产数量：64架

首次服役时间：1983年

主要使用者：美国空军

基本参数	
机身长度	20.09米
机身高度	3.78米
翼展	13.20米
最大起飞重量	23800千克
最大速度	993千米/小时
最大航程	1720千米

　　F-117"夜鹰"（Nighthawk）攻击机是美国洛克希德公司研制的隐身攻击机，1981年6月18日首次试飞。1988年11月10日，美国空军首次公布了该机的照片。

　　F-117攻击机的最大设计特点就是隐身性。现代隐身技术包括雷达隐身、红外隐身、可见光隐身、声隐身等技术，由于雷达是探测飞机最可靠的方法，因此雷达隐身技术是其中最关键和最重要的技术。为了达到隐身目的，该机牺牲了30%的发动机效率，并采用了一对高展弦比的机翼。由于需要向两侧折射雷达波，F-117攻击机还采用了很高后掠角的后掠翼。为了降低电磁波的发散和雷达截面积，F-117攻击机没有配备雷达。该机有两个内部武器舱，几乎能携带任何美国空军军械库内的武器，包含B-61核弹。少数的炸弹因为体积太大或与F-117攻击机的系统不相容而无法携带。

小 知 识

　　F-117"夜鹰"攻击机使用的是20世纪70年代末的科技成果，虽然隐身技术比不上B-2、F-22、F-35等最新战机，但也比其他大部分美军飞行器先进。然而，该机的维护工作很重要，而小平面隐身技术也已被更先进的技术超过。

美国F/A-18"大黄蜂"战斗/攻击机

制造商：诺斯洛普公司、麦克唐纳·道格拉斯公司
生产数量：1458架以上
首次服役时间：1983年
主要使用者：美国海军、美国海军陆战队

基本参数

机身长度	17.1米
机身高度	4.7米
翼展	11.43米
最大起飞重量	23400千克
最大速度	1814千米/小时
最大航程	3330千米

　　F/A-18"大黄蜂"战斗/攻击机是美国诺斯洛普公司和麦克唐纳·道格拉斯公司专门针对航空母舰起降而开发的对空/对地全天候多功能舰载机，它同时也是美国军方第一种同时拥有战斗机与攻击机身份的机种。F/A-18战斗/攻击机的主要特点是可靠性和维护性好、生存能力强、大仰角、飞行性能好以及武器投射精度高。

　　对于空间有限、承载机队数量不多的航空母舰而言，像F/A-18这种角色多变的泛用机种，是非常优秀的配属选择，自1983年开始部署后就逐渐成为美国海军最重要的舰载机种。在战机世代上，按照原先的欧洲和美国标准被归类为第三代战机（现在已和俄罗斯标准统一为第四代战机）。

小知识

最新改进型F/A-18E/F战斗/攻击机是美国海军航空队的主力机种，一些航空母舰战机大队甚至因为F-14战斗机操作成本的问题而缩编或没有配属F-14，而完全以F/A-18作为战斗主力。

英国"掠夺者"攻击机

"掠夺者"（Buccaneer）攻击机是英国布莱克本公司研制的双发双座攻击机，1958年4月首次试飞，原本是为英国皇家海军设计用来低空突破苏联舰队防空网的核武器攻击机，后来也被英国皇家空军采用。该机在英国皇家海军和空军服役了数十年，在1990年的海湾战争表现突出，其服役生涯之长远远超过了设计者的期望值。

"掠夺者"攻击机没有安装固定机炮，只有4个外挂点和1个旋转弹舱。旋转弹舱可携带4枚454千克MK.10炸弹，4个外挂点可携带AIM-9"响尾蛇"空对空导弹、AS-37"玛特拉"反辐射导弹、"海鹰"反舰导弹、制导炸弹等武器。该机的动力装置为两台劳斯莱斯RB.168-1A"斯贝"101涡扇发动机，单台推力49千牛。

制造商	布莱克本公司
生产数量	211架
首次服役时间	1962年
主要使用者	英国皇家空军、英国皇家海军

基本参数

机身长度	19.33米
机身高度	4.97米
翼展	13.41米
最大起飞重量	28000千克
最大速度	1074千米/小时
最大航程	3700千米

小知识

"掠夺者"攻击机设计于20世纪50年代中期，曾是60年代英国海军的"杀手锏"之一。

英国/法国"美洲豹"攻击机

"美洲豹"（Jaguar）攻击机是由英国和法国联合研制的双发多用途攻击机。1968年9月，首架原型机"美洲豹"A型攻击机在法国试飞成功，"美洲豹"B型攻击机则于1971年8月试飞成功，同年首架批量生产型也试飞成功。该机于1973年6月交付英国皇家空军，1975年5月交付法国空军。除英国和法国外，印度、阿曼、尼日利亚和厄瓜多尔等国家也有装备。

虽然"美洲豹"攻击机是由英国和法国合作研发的，但两国在许多规格与装备采用上却不尽相同。如英国版使用2台劳斯莱斯RT172发动机，法国版使用2台透博梅卡"阿杜尔"Mk 102发动机，两种版本的航空电子设备也有所不同。机载武器方面，两种版本都装有2门30毫米机炮，并可挂载4500千克导弹和炸弹等武器。

制造商	英国宇航公司、法国达索航空公司
生产数量	573架
首次服役时间	1978年
主要使用者	英国皇家空军、法国空军、印度空军

基本参数

机身长度	16.8米
机身高度	4.9米
翼展	8.7米
最大起飞重量	15700千克
最大速度	1699千米/小时
最大航程	3524千米

小知识

印度的"美洲豹"攻击机参加过印度与巴基斯坦之间的克什米尔冲突，有数架被巴基斯坦的防空武器击落。

法国"超军旗"攻击机

制造商：达索航空公司
生产数量：85架
首次服役时间：1978年
主要使用者：法国海军

基本参数	
机身长度	14.31米
机身高度	3.85米
翼展	9.6米
最大起飞重量	11500千克
最大速度	1180千米/小时
最大航程	3400千米

"超军旗"（Super Étendard）攻击机是法国达索航空公司研制的舰载攻击机，1974年10月首次试飞。

"超军旗"攻击机采用45度后掠角中单翼设计，翼尖可以折起，机身呈蜂腰状，立尾的面积较大，后掠式平尾装在立尾的中部。该机装有2门30毫米"德发"机炮，机身挂架可挂250千克炸弹，翼下4个挂架每个可携400千克炸弹，右侧机翼可挂1枚AM-39"飞鱼"空对舰导弹，还可挂R.550"魔术"空对空导弹或火箭弹等武器。该机的动力装置为1台斯奈克玛"阿塔"8K-50发动机，推力为49千牛。为使"超军旗"攻击机能配备ASMP导弹，飞机上的导航/攻击系统必须进行修改，因为在发射ASMP导弹前必须将适当的指令输入导弹的导控系统。也由于这个缘故，新一代"超军旗"攻击机的航电系统又有所改良，使之具备发射ASMP导弹的能力。

小知识

1982年马岛战争期间，阿根廷使用"超军旗"攻击机发射"飞鱼"（Exocet）导弹击沉英国船舰，使得此种原本默默无名的飞机名噪一时。

苏联拉-2攻击机

制造商：伊留申设计局
生产数量：36183架
首次服役时间：1941年
主要使用者：苏联空军

基本参数	
机身长度	11.6米
机身高度	4.2米
翼展	14.6米
最大起飞重量	6160千克
最大速度	414千米/小时
最大航程	720千米

　　拉-2攻击机是苏联伊留申设计局研制的双座单发攻击机，1939年10月首次试飞，堪称航空史上单产量最大的军用飞机。

　　拉-2攻击机原本是作为单座的战斗轰炸机，但初期在和德军作战时表现不理想，因为对于其较大的体型来说发动机功率不足，使得飞行性能不足以与德军Bf 109战斗机进行格斗战。后来加装了机枪手的后座位和重机枪自卫，强化了装甲并集中攻击地面目标，才成为出色的攻击机。

　　拉-2攻击机的动力装置为1台米库林AM-38F发动机，最大功率为1285千瓦。该机在两翼各装有1门固定式23毫米VYa-23机炮（每门备弹150发），还装有2挺7.62毫米ShKAS机枪（各备弹750发）和1挺12.7毫米UBT机枪（备弹300发）。此外，该机还能携带600千克炸弹或火箭弹。

小 知 识

　　德国对拉-2攻击机有"黑色的死神"之誉，而斯大林也曾经将该机比喻为"如红军的面包和空气般不可或缺"。

苏联拉-10攻击机

拉-10攻击机是苏联伊留申设计局在拉-2攻击机基础上改进而来的双座单发攻击机,1944年4月首次试飞。其外观与拉-2攻击机相似,但变成了全金属结构,外观上不同的地方是改用似普通战斗机的收放式起落架。另外,拉-10攻击机设有内藏的弹舱。拉-10攻击机也是以单活塞式三叶螺旋桨驱动的机型,呈下单翼硬壳式布局,为后三点式收放式起落架,主要生产型为纵列双座封闭式座舱,后座位是面向后方的机枪手座位。

拉-10攻击机的动力装置为1台AM-42水冷发动机,最大功率达2051千瓦。早期型号的固定武器为2门23毫米机炮、2挺7.62毫米机枪和1挺12.7毫米机枪,后期型改为2门23毫米机炮和1门20毫米机炮。该机两翼下可载弹250千克,弹舱可携带400千克火箭弹发射架或小型航弹集装箱。

制造商:	伊留申设计局
生产数量:	6166架
首次服役时间:	1944年
主要使用者:	苏联空军

基本参数

机身长度	11.06米
机身高度	4.18米
翼展	11.06米
最大起飞重量	6535千克
最大速度	530千米/小时
最大航程	800千米

小知识

伊留申设计局本想将拉-2攻击机重新设计成较小型的全金属机型,配合新的大功率发动机,发展成为类似美国P-47战斗轰炸机的机型,可惜拉-10攻击机的速度并不比拉-2攻击机快多少,所以只好保持其攻击机的用途。

苏联苏-17攻击机

苏-17攻击机是苏联苏霍伊设计局在苏-7战斗轰炸机基础上发展而来的单发单座攻击机,1966年8月首次试飞,1967年7月在莫斯科附近的多莫杰多沃机场首次公开展示。在苏-17攻击机装备的高峰期,该机是苏联空军战术打击和侦察的主力机型,苏联海军航空队也少量装备。除了该机型的标准版外,苏霍伊设计局还推出了苏-20和苏-22攻击机这两款外销版,被多个国家采用。

苏-17攻击机采用可变后掠翼设计,在进行起降时会把机翼向前张开以减少所需跑道的长度,但在升空后则改为后掠,以维持与苏-7战斗轰炸机相当的空中机动性。苏-17攻击机装有2门30毫米NR-30机炮,另可挂载3770千克炸弹或导弹。动力装置为留利卡AL-21F-3喷气发动机,推力为76.4千牛。

制造商:	苏霍伊设计局
生产数量:	2867架
首次服役时间:	1970年
主要使用者:	苏联空军、苏联海军航空队

基本参数

机身长度	19.02米
机身高度	5.12米
翼展	13.68米
最大起飞重量	19430千克
最大速度	1860千米/小时
最大航程	2300千米

小知识

在20世纪80年代的阿富汗战争中,苏-17攻击机是苏军主力攻击机之一,也是最早进入战区的机型。

苏联/俄罗斯苏-24攻击机

制造商：苏霍伊设计局

生产数量：1400架

首次服役时间：1974年

主要使用者：苏联/俄罗斯空军

基本参数	
机身长度	22.53米
机身高度	6.19米
翼展	17.64米
最大起飞重量	43755千克
最大速度	1315千米/小时
最大航程	2775千米

苏-24攻击机是苏霍伊设计局设计的双座攻击机，1967年7月首次试飞。该机是苏联第一种能进行空中加油的攻击机，其机翼后掠角的可变范围为16度~70度，起飞、着陆用16度，对地攻击或空战时为45度，高速飞行时为70度。其机翼变后掠的操纵方式比米格-23战斗机的手动式先进，但还达不到美国F-14战斗机的水平。

苏-24攻击机装有惯性导航系统，飞机能远距离飞行而不需要地面指挥引导，这是苏联飞机能力的新发展。苏-24攻击机装有2门30毫米机炮，机上有8个挂架，正常载弹量为5000千克，最大载弹量为7000千克。除了携带传统的空对地导弹等武器进行攻击任务外，苏-24攻击机也可携带小型战术核武器，进行纵深打击。

小 知 识

在冷战时期，苏联为了加强对北约的核武器震慑，曾将苏-24攻击机派驻到民主德国与白俄罗斯的前线基地。北约方面，与苏-24攻击机实力相当的机种为英国和法国合制的"美洲豹"攻击机。

苏联/俄罗斯苏-25攻击机

制造商：	苏霍伊设计局
生产数量：	1000架以上
首次服役时间：	1981年7月
主要使用者：	苏联/俄罗斯空军

基本参数

机身长度	15.53米
机身高度	4.8米
翼展	14.36米
最大起飞重量	17600千克
最大速度	975千米/小时
最大航程	750千米

苏-25攻击机是苏霍伊设计局研制的亚音速攻击机，1975年2月首次试飞。苏-25攻击机结构简单，易于操作维护，适合在前线战场恶劣的环境中进行对己方陆军的直接低空近距支援作战。

苏-25攻击机采用高悬臂上单翼设计，三梁结构。机翼为大展弦比梯形直机翼。起落架为可收放前三点式，液压驱动。该机机载电子系统颇为简单，机头风挡下面装有激光测距器及目标标识器，风挡前面及尾翼下部有SRO-2敌我识别系统天线。该机装有1门30毫米GSh-30-2机炮（备弹250发），另有11个外挂点可携带4000千克导弹、火箭弹和炸弹等武器。苏-25攻击机的低空机动性能较好，可在带满弹药的情况下，在低空范围与米-24武装直升机协同配合地面部队作战。此外，该机的防护力也颇为出色，座舱底部及周围有24毫米厚的钛合金防弹板。

小 知 识

令苏-25攻击机备受关注的是1979年苏联与阿富汗之间的战争。该机在此次战争中执行大量对地攻击任务，展现出极强的生存能力。

德国赫伯斯塔特CL.Ⅳ攻击机

制造商：	赫伯斯塔特公司
生产数量：	700架
首次服役时间：	1918年
主要使用者：	德国空军

赫伯斯塔特CL.Ⅳ（Halberstadt CL.Ⅳ）攻击机是德国赫伯斯塔特公司研制的单发双座攻击机，1918年2月首次试飞。该系列战机的一大特征是有突出于座舱后和机身相连的环形机枪底座。CL.Ⅳ战斗机以机动灵活、爬升快、炮手有宽广的视界用于作战而闻名。

基本参数

机身长度	6.54米
机身高度	2.67米
翼展	10.74米
最大起飞重量	1068千克
最大速度	165千米/小时
最大航程	500千米

德国/法国"阿尔法喷气"教练/攻击机

制造商：	法国达索航空公司、德国道尼尔公司
生产数量：	480架
首次服役时间：	1977年
主要使用者：	德国空军、法国空军

"阿尔法喷气"（Alpha Jet）教练/攻击机是法国达索航空公司和德国道尼尔公司联合研制的教练/攻击机，1973年10月首次试飞。该机可携带1门吊舱式30毫米"德发"机炮或27毫米"毛瑟"机炮，备弹150发。该机有3个外挂点，可携带空对空导弹、空对地导弹、火箭弹、炸弹等武器，以适应多种任务。

基本参数

机身长度	12.29米
机身高度	4.19米
翼展	9.11米
最大起飞重量	7380千克
最大速度	1000千米/小时
最大航程	2940千米

意大利MB-326教练/攻击机

制造商：	马基公司
生产数量：	800架
首次服役时间：	1962年
主要使用者：	意大利空军

MB-326教练/攻击机是意大利马基公司于20世纪50年代研制的单发教练/攻击机，也是该公司最为成功的飞机，生产持续到80年代。该机的单座和双座对地攻击型号都具备在翼下6个挂架携带武器的能力，可选挂1815千克炸弹、火箭弹和机炮吊舱。

基本参数

机身长度	10.65米
机身高度	3.72米
翼展	10.56米
最大起飞重量	3765千克
最大速度	806千米/小时
最大航程	1665千米

意大利MB-339教练/攻击机

制造商：	马基公司
生产数量：	230架
首次服役时间：	1979年
主要使用者：	意大利空军

基本参数

机身长度	10.97米
机身高度	3.6米
翼展	10.86米
最大起飞重量	5897千克
最大速度	898千米/小时
最大航程	1760千米

　　MB-339教练/攻击机是由意大利马基公司为意大利空军研制的，是MB-326教练/攻击机的发展及近代化型，第一架生产型MB-339A于1978年7月首飞。

　　MB-339教练/攻击机采用常规气动外形布局，机翼为悬臂式下/中单翼，机身为全金属半硬壳结构，并经过防腐蚀处理。起落架为液压收放的前三点式。该机6个翼下挂点共载1815千克外挂武器，可挂小型机枪吊舱、集束炸弹、火箭弹、空对空导弹和反舰导弹等。航空电子系统通过用1台数字计算机进行输入并使之相关，即可提供全部多普勒惯性导航、无线电导航和大气数据。它还可以提供大多数现代武器瞄准方式，包括连续计算弹着点和投放点计算，为延时炸弹连续计算延迟投放点。

小知识

　　2014年，阿联酋空军"骑士"飞行表演队驾驶MB-339教练机，以惊险动作和漫天飞舞的四色彩烟成为最大看点。

意大利/巴西AMX攻击机

制造商：意大利阿莱尼亚航空工业公司、巴西航空工业公司、意大利马基公司

生产数量：266架

首次服役时间：1989年

主要使用者：意大利空军、巴西空军

基本参数	
机身长度	13.23米
机身高度	4.55米
翼展	8.87米
最大起飞重量	13000千克
最大速度	914千米/小时
最大航程	3336千米

　　AMX攻击机是意大利和巴西联合研制的单座单发轻型攻击机。20世纪70年代中期意大利提出研制G91R、G91Y攻击机和F-104战斗机后继机的要求，与此同时，巴西也提出研制MB-236GB攻击机后继机的A-X计划。1980年，两国达成共同研制AMX攻击机的协议。1988年，AMX攻击机开始交付两国空军。

　　AMX攻击机主要用于执行近距空中支援、对地攻击、对海攻击及侦察任务，并有一定的空战能力。该机具备高亚音速飞行和在高海拔地区执行任务的能力，设计时还考虑添加了隐身性，可携带空对空导弹。AMX攻击机的动力装置为1台劳斯莱斯"斯贝"MK.807发动机，单台推力49.1千牛。意大利型装备20毫米M61A1多管机炮，巴西型装备1门30毫米"德发"554机炮。

小知识

　　AMX攻击机以其简洁、流畅、高效的设计，以及其尺寸和作战能力而被冠以"口袋狂风"的绰号，另外其外形气动设计类似英国的"鹞"式攻击机，也有"旱鸭海鹞"的绰号。

瑞典SAAB 32"矛"式攻击机

制造商：	萨博公司
生产数量：	450架
首次服役时间：	1956年
主要使用者：	瑞典空军

SAAB 32"矛"式（Lansen）攻击机是瑞典萨博公司研制的双座全天候攻击机。该机的动力装置为1台劳斯莱斯"埃汶"RM 6A加力涡轮喷气发动机。机载武器有4门20毫米机炮，另可外挂2枚Rb-04C空对地导弹，或4枚250千克炸弹，或24枚135毫米火箭弹，最大载弹量1200千克。

基本参数

机身长度	14.94米
机身高度	4.65米
翼展	13米
最大起飞重量	13500千克
最大速度	1200千米/小时
最大航程	2000千米

瑞典SAAB 37"雷"式攻击机

制造商：	萨博公司
生产数量：	329架
首次服役时间：	1971年
主要使用者：	瑞典空军

SAAB 37"雷"式（Viggen）攻击机是瑞典萨博公司研制的多用途攻击机。该机前后共有6种型别，分别承担攻击、截击、侦察和训练等任务，其中AJ37、SF37、SH37和SK37四种型别属于第一代设计，JA37和AJS37属于第二代设计。

基本参数

机身长度	16.4米
机身高度	5.9米
翼展	10.6米
最大起飞重量	20000千克
最大速度	2231千米/小时
最大航程	2000千米

巴西EMB-312"巨嘴鸟"教练/攻击机

制造商：	巴西航空工业公司
生产数量：	624架
首次服役时间：	1983年
主要使用者：	巴西空军

EMB-312"巨嘴鸟"（Tucano）教练/攻击机是巴西航空工业公司为巴西空军研制的初级教练机，可作为轻型攻击机使用。该机机动性较好，具有较高的安定性，能在简易跑道上短距起落。该机在制造上采用数控整体机械加工、化学铣切和金属胶接等先进工艺技术。

基本参数

机身长度	9.86米
机身高度	3.4米
翼展	11.14米
最大起飞重量	3175千克
最大速度	458千米/小时
最大航程	1916千米

阿根廷IA-58"普卡拉"攻击机

制造商：阿根廷军用飞机制造厂
生产数量：110架
首次服役时间：1975年
主要使用者：阿根廷空军

基本参数	
机身长度	14.25米
机身高度	5.36米
翼展	14.5米
最大起飞重量	6800千克
最大速度	500千米/小时
最大航程	3710千米

IA-58"普卡拉"（Pucará）攻击机是阿根廷研制的轻型攻击机，1969年8月20日首次试飞，1975年形成初步战斗力。

IA-58攻击机是少数使用涡轮螺旋桨动力的现代攻击机，其低单翼宽大平直，没有后掠角。两台透博梅卡"阿斯泰阻"XVIG发动机安装在机翼上小巧的发动机舱内，各驱动一个三叶螺旋桨。IA-58攻击机狭窄的半硬壳机身的前端前伸，两名飞行员能得到装甲座舱的保护，并有良好的武器射击视野。IA-58攻击机可以进行单发动机操作，可以承受严重的战斗伤害，驾驶舱被一层盔甲保护着，这层盔甲可以抵御步枪口径级别的射击，挡风玻璃也是防弹的，两个座舱都可以进行飞行控制。该机的机载武器为2门20毫米七管机炮，每门备弹270发。另有4挺7.62毫米机枪布置在座舱两侧，各备弹900发。另外还有3个外挂点，最大载弹量1500千克。

小 知 识

在马岛战争中，IA-58攻击机袭击了英国皇家海军和陆军。这些IA-58攻击机主要来自阿根廷第三攻击联队，有24架布置在马岛。

南斯拉夫G-2"海鸥"攻击机

制造商：索科飞机制造厂
生产数量：248架
首次服役时间：1964年
主要使用者：南斯拉夫空军

G-2"海鸥"（Galeb）攻击机是南斯拉夫索科飞机制造厂研制的轻型攻击机。该机的设计比较保守，平直翼的翼型和布置都很简单，机身也近乎直线。虽然该机采用了劳斯莱斯"蝰蛇"发动机，比当时东欧国家普遍使用的苏联发动机都要先进，但G-2攻击机的最大速度仅有812千米/小时。

基本参数

机身长度	10.34米
机身高度	3.28米
翼展	11.62米
最大起飞重量	4300千克
最大速度	812千米/小时
最大航程	1240千米

罗马尼亚IAR-93"秃鹰"攻击机

制造商：猎鹰（SOKO）飞机制造厂
生产数量：88架
首次服役时间：1975年
主要使用者：罗马尼亚空军

IAR-93"秃鹰"（Vultur）攻击机是罗马尼亚和南斯拉夫联合研制的双发超音速攻击机。其南斯拉夫版本由南斯拉夫猎鹰飞机制造厂制造，命名为J-22"鹰"。该机主要有IAR-93、IAR-93A、IAR-93B、IAR-93A DC和IAR-93B DC等型号。

基本参数

机身长度	14.9米
机身高度	4.52米
翼展	9.3米
最大起飞重量	10900千克
最大速度	1089千米/小时
最大航程	1320千米

韩国FA-50攻击机

制造商：韩国航天工业公司
生产数量：72架
首次服役时间：2014年
主要使用者：韩国空军

FA-50攻击机是韩国以其国产超音速教练机T-50为基础改造而成的轻型攻击机，具备超精密制导炸弹的投放能力，2014年10月正式投入实战部署。FA-50攻击机加装了一具洛克希德·马丁公司生产的AN/APG-67(V)4脉冲多普勒X波段多模式雷达，可以获取多种形式的地理和目标数据。

基本参数

机身长度	13米
机身高度	4.94米
翼展	9.45米
最大起飞重量	12300千克
最大速度	1770千米/小时
最大航程	1851千米

直升机

第 5 章

直升机作为20世纪航空技术极具特色的创造之一,极大地拓展了飞行器的应用范围。在军用方面多应用于对地攻击、机降登陆、武器运送、后勤支援、战场救护、侦察巡逻、指挥控制、通信联络、反潜扫雷、电子对抗等。直升机还在现代局部战争中发挥了重要作用,受到世界各国军队的广泛关注和重视。

美国UH-1"伊洛魁"直升机

制造商：贝尔公司
生产数量：16000架以上
首次服役时间：1959年
主要使用者：美国陆军

基本参数	
机身长度	17.4米
机身高度	4.39米
翼展	14.6米
最大起飞重量	4309千克
最大速度	220千米/小时
最大航程	510千米

UH-1"依洛魁"（Iroquois）直升机是美国贝尔公司研发的通用直升机，1956年10月首次试飞。该机衍生型号众多，美国各大军种都有采用，其中美国空军使用的型号包括UH-1F、TH-1F、HH-1H、UH-1N和UH-1P等。

UH-1直升机采用单旋翼带尾桨形式，扁圆截面的机身前部是一个座舱，可乘坐正副飞行员（并列）及乘客多人，后机身上部是一台莱卡明T53系列涡轮轴发动机及其减速传动箱，驱动直升机上方由两枚桨叶组成的半刚性跷跷板式主旋翼。UH-1直升机的起落架是十分简洁的两根杆状滑橇。机身左右开有大尺寸舱门，便于人员及货物的上下。该机的常见武器为2挺7.62毫米M60机枪，加上2具7发（或19发）91.67毫米火箭吊舱。

小知识

1960年美国陆军少将汉密尔顿·豪兹提出使用直升机实施兵力投送的战术设想。1963年，美国陆军在佐治亚州本宁堡基地专门成立了第11陆军航空师，使用UH-1直升机来验证这个理论，训练课题包括空中协同指挥、空中火力突击、空中补给、快速兵力投送以及战术侦查等。

美国UH-1D"休伊"直升机

制造商：贝尔公司
生产数量：2008架
首次服役时间：1963年
主要使用者：美国陆军

UH-1D"休伊"（Huey）直升机是UH-1直升机的改进型，机舱更长，能搭载12人。其最显著的外观特征是每侧舱门更宽大，增加了一个侧舷窗。该机于1963年开始交付美军，作为美国陆军用于取代CH-34的运兵直升机的型号，并成为越南战争中后期直升机作战的主力。

基本参数

机身长度	17.4米
机身高度	4.4米
翼展	14.6米
最大起飞重量	4310千克
最大速度	220千米/小时
最大航程	510千米

美国UH-1N"双休伊"直升机

制造商：贝尔公司
生产数量：300架
首次服役时间：1968年
主要使用者：美国海军陆战队

UH-1N"双休伊"（Twin Huey）直升机是在1968年推出的中型军用直升机，具有15个座位，包括1名飞行员及14名乘客，而执行运输任务时运载重量可达840千克。美国海军陆战队修改了他们的大部分UH-1N直升机，加装控制增稳系统，此系统移除了主旋翼顶部回转仪的稳定杆，改为计算机控制。

基本参数

机身长度	12.69米
机身高度	4.4米
翼展	14.6米
最大起飞重量	4762千克
最大速度	220千米/小时
最大航程	510千米/小时

美国UH-1Y"毒液"直升机

制造商：贝尔公司
生产数量：92架
首次服役时间：2008年
主要使用者：美国海军陆战队

UH-1Y"毒液"（Venom）直升机是美国UH-1直升机的一种升级改型，也称"超级休伊"，约沿用了84%的零件。该机于2001年12月20日进行了首次飞行，升级了发动机和数位玻璃驾驶舱系统，并加装了FLIR侦搜系统。

基本参数

机身长度	17.78米
机身高度	4.5米
翼展	14.88米
最大起飞重量	8390千克
最大速度	304千米/小时
最大航程	648千米

美国UH-60"黑鹰"通用/武装直升机

UH-60"黑鹰"（Black Hawk）是由美国西科斯基公司研制的双涡轮轴引擎、中型通用/武装直升机。在执行低飞作战任务时，极易遭受地面火力攻击，因此该机采取了很多措施提高生存力。其机身及旋翼在制造上大量使用各类防弹材料，驾驶舱和发动机的关键部件均设有装甲，可以防护23毫米脱壳弹攻击。

与前代UH-1"伊洛魁"直升机相比，UH-60通用/武装直升机大幅提升了部队容量和货物运送能力。在大部分天气情况下，3名机组成员中的任何一个都可以操纵直升机运送1个全副武装的11人步兵班。两扇推拉式舱门开关方便，可保证载员迅速进出。拆除8个座位后，可以运送4个担架。该机用途广泛，型号众多，是美军使用最为普遍的军用直升机。

制造商：西科斯基公司
生产数量：4000架
首次服役时间：1979年
主要使用者：美国陆军

基本参数

机身长度	19.76米
机身高度	5.13米
翼展	16.36米
最大起飞重量	11113千克
最大速度	357千米/小时
最大航程	2220千米

小知识

"黑鹰"是索克/福克斯印第安部族一位足智多谋且颇具影响力的首长，在反抗白人殖民者扩张的战斗中，屡屡获胜。尽管最终仍被俘虏和灭族，但美国人对其勇猛十分敬畏，因此将UH-60命名为"黑鹰"。

美国UH-72"勒科塔"直升机

UH-72"勒科塔"（Lakota）是一种轻型通用直升机，是军用版的欧洲EC-145直升机，主要用于取代UH-1通用直升机和OH-58侦察直升机。

UH-72直升机具有优异的高海拔和高温性能，机舱布局也比较合理，在执行医疗救护任务时，机舱内可以同时容纳两张担架和两名医疗人员，由于舱门较大，躺着伤员的北约标准担架可以很方便地出入机舱。由于其采用了无尾桨设计，其飞行时噪音水平低于国际标准值，在战争中，低噪音直升机能够有效躲避敌方探测，对战局是非常有利的。另外，机载无线电也是UH-72直升机的一大突出优势。该机的机载无线电设备工作频带不仅涵盖国际民航组织规定的通信频率，与各国民航部门进行通信，还能够与军事、执法、消防和护林等单位进行联系。

制造商：美国欧洲直升机公司
生产数量：400架
首次服役时间：2006年6月
主要使用者：美国陆军、美国海军

基本参数

机身长度	13.03米
机身高度	3.45米
翼展	11米
最大起飞重量	3585千克
最大速度	269千米/小时
最大航程	685千米

小知识

据英国《飞行国际》2012年11月15日报道，美国陆军已与欧洲宇航防务集团签订一份1.82亿美元的采购合同，再次采购34架UH-72A"勒科塔"直升机。

美国S-97"侵袭者"武装直升机

S-97"侵袭者"（Raider）武装直升机是美国西科斯基公司于2010年开始研制的新型武装直升机。该机采用共轴对转双螺旋桨加尾部推进桨的全新设计，能以超过370千米/小时的速度巡航，执行突击任务时其速度能进一步提升到400千米/小时以上。由于现有的直升机在飞行时会发出极大的噪音，因此在战场上根本无法进行有效的偷袭，这项缺点也极大地限制了直升机在战场上的生存力和使用范围。这种局面很有可能被S-97武装直升机打破。

S-97武装直升机和美军装备的AH-64、AH-1系列专用武装直升机不同，它与著名的俄罗斯米-24"雌鹿"武装直升机相似，既具备强大火力，又可搭载6名全副武装的士兵，是一种集攻击和运输能力于一体的高速作战平台。

制造商：	西科斯基公司
生产数量：	3架
首次服役时间：	尚未服役
主要使用者：	美国陆军

基本参数

机身长度	11米
机身高度	2.2米
翼展	10米
最大起飞重量	4990千克
最大速度	444千米/小时
最大航程	570千米

小知识

S-97武装直升机最大限度地保留了直升机的优点，还弥补了直升机的先天缺陷，在飞行速度、安静性等方面大幅超越了传统的军用直升机。

美国SH-2"海妖"直升机

SH-2"海妖"（Seasprite）直升机是一种全天候通用舰载直升机。"海妖"直升机原有多种型别，到1993年底，仅有SH-2F、SH-2G还在服役。

SH-2直升机采用全金属半硬壳式结构，具备防水功能，能漂浮的机腹内有主油箱。旋翼桨毂由钛合金制成，旋翼桨叶为全复合材料，桨叶与桨毂固定连接。这种旋翼系统振动小，可靠性高，维护简单，可执行反潜、搜救和观察等任务。座舱能容纳3名机组人员，由驾驶员、副驾驶员/战术协调员和探测设备操作员组成。SH-2"海妖"直升机可携带2枚Mk 46鱼雷或Mk 50鱼雷，每侧舱门外可安装1挺7.62毫米机枪。动力装置为2台通用电气公司生产的T700-GE-401涡轮轴发动机，并列安装在旋翼塔座两侧，单台功率为1285千瓦。

制造商：	卡曼公司
生产数量：	184架
首次服役时间：	1962年
主要使用者：	美国海军

基本参数

机身长度	15.9米
机身高度	4.11米
翼展	13.41米
最大起飞重量	4627千克
最大速度	261千米/小时
最大航程	1080千米

小知识

SH-2F、SH-2D改进型直升机主要执行反潜和反舰导弹防御任务，其次是搜索和救生以及观察等多种任务。

美国SH-3"海王"直升机

基本参数	
机身长度	16.7米
机身高度	5.13米
翼展	19米
最大起飞重量	10000千克
最大速度	267千米/小时
最大航程	1000千米

制造商：西科斯基公司

生产数量：200架以上

首次服役时间：1961年

主要使用者：美国海军

SH-3"海王"（Sea King）直升机是西科斯基公司研制的双引擎中型多用途直升机，1959年3月11日原型机首飞，1961年6月HSS-2直升机交付海军评估。该机机身为矩形截面，即使掉入水中也能防水一段时间。机身左右两侧各设一具浮筒以增加横侧稳定性，后三点式起落架能够收入浮筒及机身尾部。舱内可以放搜索设备或人员物资，机身侧面设有大型舱门方便装载，外吊挂能力高达3630千克。

SH-3直升机的任务装备非常广泛，典型的有4枚鱼雷、4枚水雷或2枚"海鹰"反舰导弹，用于保护航母战斗群。在担任救援任务时，可以搭载22名生还者，或9具担架和2名医护人员，运兵时可以搭载22名全副武装的士兵。

小知识

1971年2月9日"阿波罗"14号登月任务结束时，也是由一架SH-3A直升机负责将降落在南太平洋海面上的太空舱打捞回来。

美国SH-60"海鹰"舰载直升机

制造商：西科斯基公司
生产数量：未知
首次服役时间：1979年
主要使用者：美国海军

SH-60"海鹰"（Seahawk）是美国西科斯基公司研制的中型舰载直升机，以UH-60"黑鹰"武装直升机为基础改进而来。由于海上作战的特殊性，SH-60"海鹰"舰载直升机的改进比较大，机身蒙皮经过特殊处理，以适应海上的腐蚀。主要反潜武器为两枚MK-46声自导鱼雷，但在执行搜索任务时，可以将这两枚鱼雷换成两个容量为455升的副油箱。

基本参数

机身长度	19.75米
机身高度	5.2米
翼展	16.35米
最大起飞重量	10400千克
最大速度	333千米/小时
最大航程	834千米

美国贝尔204直升机

制造商：美国贝尔公司、意大利阿古斯塔公司
生产数量：16120架
首次服役时间：1959年
主要使用者：美国陆军

贝尔204直升机是由美国贝尔公司和意大利阿古斯塔公司联合研制的军民两用中型通用直升机。该机是直升机发展历史上的革命设计，也是世界上第一种采用涡轮轴发动机的直升机，涡轮轴发动机彻底地降低机体重量及耗油量、提高功率比重、降低维修及保养维护费用。

基本参数

机身长度	12.69米
机身高度	4.5米
翼展	14.63米
最大起飞重量	4310千克
最大速度	220千米/小时
最大航程	533千米

美国贝尔206直升机

制造商：贝尔公司
生产数量：7300架
首次服役时间：1967年
主要使用者：美国陆军

贝尔206直升机是美国贝尔公司在OH-4A轻型观察直升机的基础上发展的轻型通用直升机，其改进型206-L是一款为适应第三世界国家需要而发展的武装直升机，改进型206-L可装4枚"陶"式反坦克导弹，或14枚无控火箭或其他武器。

基本参数

机身长度	12.11米
机身高度	2.83米
翼展	10.16米
最大起飞重量	1451千克
最大速度	222千米/小时
最大航程	693千米

美国H-19"契卡索人"直升机

制造商：西科斯基公司

生产数量：1728架

首次服役时间：1950年

主要使用者：美国陆军、美国海军、美国海军陆战队、美国海军警卫队

基本参数	
机身长度	19.1米
机身高度	4.07米
翼展	16米
最大起飞重量	3587千克
最大速度	163千米/小时
最大航程	652千米

H-19"契卡索人"（Chickasaw）直升机是由美国西科斯基公司研发的通用直升机。该机的机身重量只占飞机全重的17%，这项指标是当时所有现役飞行器中最低的。

1951年3月，H-19直升机进行性能测试，在为期5个月的测试中，H-19进行了战术控制任务、飞行员营救、战地救护、前线物资运输以及执行秘密行动的一系列测试。测试结果表明：由于其宽大的机舱和较远的航程，以及在山地的优良机动性和在恶劣气象条件下的起降能力，非常适合用于人员营救和人员后撤。但是，该机在低海拔飞行时机身颤动非常严重，因此不适合用于战术控制任务。不过作为美国陆军第一架真正的运输直升机的特性，H-19拥有良好的空中机动性，在战场往往会有意想不到的作战效果。

小知识

H-19直升机的美国海军和美国海岸警卫队版本被指定为HO4S，而美国海军陆战队使用型号被指定为HRS。1962年，美国海军、美国海岸警卫队和美国海军陆战队的版本被重新命名为H-19。

美国H-76"鹰"直升机

制造商：西科斯基公司

生产数量：1090架

首次服役时间：1979年

主要使用者：美国空军、美国海军

基本参数	
机身长度	13.22米
机身高度	3.58米
翼展	13.41米
最大起飞重量	5306千克
最大速度	287千米/小时
最大航程	831千米

　　H-76"鹰"（Eagle）直升机是美国西科斯基公司研制的武装通用直升机，原型机于1985年2月首次飞行。1985年5月在巴黎航空博览会展出。该机安装了综合航空电子设备、飞行管理系统、双数字式自动驾驶仪以及全玻璃机舱，具备全天候飞行能力。H-76直升机具有结实、轻巧且耐腐蚀的特点，非常便于维护，燃油利用效率高，这些因素大大降低了该机的使用成本。H-76直升机的旋翼设计和大功率发动机使其在狭窄区域内拥有无与伦比的可操作性。

　　H-76直升机能安装各种设备以执行多种不同的任务，包括部队运输与后勤支援、空中观察、战斗搜索与救援、对地攻击、机降突袭、伤病员后送以及搜索与救援等。该机的火力较强，可以携带8～16枚空对空导弹和2个机炮吊舱。

小 知 识

　　1982年2月，H-76 MKⅡ直升机打破了苏联米-24直升机自1975年8月1日保持的12项国际航空协会EId级和EIe级纪录。

美国AH-1"眼镜蛇"武装直升机

制造商：贝尔公司
生产数量：1116架
首次服役时间：1967年
主要使用者：美国陆军

基本参数	
机身长度	13.6米
机身高度	4.1米
翼展	13.4米
最大起飞重量	4500千克
最大速度	277千米/小时
最大航程	510千米

AH-1"眼镜蛇"（Cobra）武装直升机是由美国贝尔直升机公司研制的第一代武装直升机，由UH-1"伊洛魁"直升机发展而来。1965年9月，AH-1的原型机首次试飞。

AH-1直升机机身为窄体细长流线型，采用两叶旋翼和两叶尾桨。主要武器为1门20毫米M197三管"加特林"机炮（备弹750发），弹药包括M56爆破弹、M56A1爆破燃烧弹、M53A1穿甲燃烧弹、M55A1训练实心弹、PGU-28/B穿甲爆破弹等。该机有4个武器挂载点，可按不同配置方案选挂BGM-71"拖"式反坦克导弹、AGM-114"地狱火"空对地导弹、AIM-9"响尾蛇"空对空导弹、AGM-122A"响尾蛇"反辐射导弹，以及不同规格的火箭发射巢和机枪吊舱等。作为世界上第一种专门开发的专用武装直升机，AH-1的飞行与作战性能好、火力强，被许多国家广泛使用，经久不衰并几经改型。

小知识

AH-1"眼镜蛇"武装直升机最初使用的编号为UH-1H，但是武装直升机的专用编号"A"很快被采纳，因此改为AH-1。

美国AH-1F"现代眼镜蛇"武装直升机

制造商：贝尔公司
生产数量：143架
首次服役时间：1968年
主要使用者：美国陆军

AH-1F"现代眼镜蛇"（Modernized Cobra）武装直升机是美国陆军对AH-1S直升机进行升级后得出的机型，1988年编号改为AH-1F，是美国陆军装备的最后一种"眼镜蛇"武装直升机。该机外挂武器为14管70毫米口径火箭发射器，或挂架上搭载4具导弹发射器，可装载共4枚或8枚导弹。

基本参数

机身长度	16.1米
机身高度	4.1米
翼展	13.6米
最大起飞重量	4500千克
最大速度	277千米/小时
最大航程	510千米

美国AH-1W"超级眼镜蛇"武装直升机

制造商：贝尔公司
生产数量：1271架
首次服役时间：1986年
主要使用者：美国陆军

AH-1W"超级眼镜蛇"（Super Cobra）武装直升机是为美国陆军研制的第一种专用反坦克武装直升机AH-1"眼镜蛇"的升级版型，它承接着AH-1"眼镜蛇"武装直升机家族从单发型发展到双发型的重要环节，也是第一种广泛装备美国海军陆战队以及其他国家和地区的双发型AH-1家族成员。

基本参数

机身长度	17.68米
机身高度	4.1米
翼展	13.87米
最大起飞重量	4953千克
最大速度	352千米/小时
最大航程	587千米

美国AH-1Z"蝰蛇"武装直升机

制造商：贝尔公司
生产数量：62架
首次服役时间：2010年
主要使用者：美国海军陆战队

AH-1Z"蝰蛇"（Viper）武装直升机是贝尔公司为美国海军陆战队设计的，在AH-1W"超级眼镜蛇"武装直升机的基础上升级改造而来，也是休伊直升机族系最新成员，美军又称它为"祖鲁眼镜蛇"。它的生存能力获得加强，而且能在更远的距离发现目标并以精确武器攻击目标。

基本参数

机身长度	17.8米
机身高度	4.37米
翼展	14.6米
最大起飞重量	8390千克
最大速度	411千米/小时
最大航程	685千米

美国AH-6"小鸟"武装直升机

制造商：休斯直升机公司

生产数量：未知

首次服役时间：尚未服役

主要使用者：美国陆军

基本参数	
机身长度	9.94米
机身高度	2.48米
翼展	8.33米
最大起飞重量	1610千克
最大速度	282千米/小时
最大航程	430千米

AH-6"小鸟"（Little Bird）武装直升机是美国休斯直升机公司（现波音公司）研制的，最初是从现货供应的OH-6A直升机改型而来。该机凭借小巧的结构尺寸和较低的噪音水平，显示出其独特的战术优势，能顺利完成空中观测、目标识别、指挥与控制等任务。

AH-6武装直升机全身以无光黑色涂料涂装，这也强调了使用它的单位偏爱借着黑夜的掩护执行特战任务。AH-6武装直升机安装了"黑洞"红外压制系统（Black Hole Ocarina Infrared Suppression System）。为了安置这套系统，原来单个纵向排列的排气口被塞住，改为机身后部两侧两个扩散的排气孔。作为一款轻型攻击平台，它装有XM27E/M134加特林机枪，装在机身左侧。此外，机身右侧装有M260七管69.85毫米折叠式尾翼空射火箭（Folding Fin Aerial Rocker，FFAR）舱。该机可执行如训练、指挥和控制、侦察、轻型攻击、反潜、运兵和后勤支援等任务。

小 知 识

由于外形缘故，AH-6武装直升机和MH-6轻型突击直升机又被昵称为"Killer Egg"（杀手蛋）。

美国AH-56"夏延"武装直升机

AH-56"夏延"（Cheyenne）武装直升机是一种在特殊时期、采用特殊技术、按特殊要求设计的重型武装直升机，由美国洛克希德公司采用刚性旋翼的复合直升机方案研发而来。由于该机没有直升机固有的振动，既大大提高了飞行的舒适性，也大大改善了航炮和导弹的瞄准精度。

AH-56"夏延"武装直升机的火力十分强大，机腹下的旋转炮塔内装有1门30毫米航炮，机头下旋转炮塔里可以装40毫米自动榴弹发射器或6管7.62毫米加特林机枪，短翼下可以携带大量的火箭弹和"陶"式反坦克导弹。该机的火控系统也十分先进，装备有地形跟踪雷达、激光测距仪、夜视仪、惯性导航和其他先进系统，不仅要求能做昼夜高速贴地飞行，还要求在高速飞行中，用30毫米炮单发命中地面目标。

制造商	洛克希德公司
生产数量	10架
首次服役时间	未服役
主要使用者	美国陆军

基本参数

机身长度	16.66米
机身高度	4.18米
翼展	15.62米
最大起飞重量	11740千克
最大速度	393千米/小时
最大航程	1971千米

小知识

在AH-56武装直升机后续的试飞中，也遇到了坠毁等问题，再加上当时的美军在越南战争大爆发之后，迫于压力，将经费拨给了A-10和AH-64武装直升机项目，也就宣告了AH-56武装直升机的下马。

美国AH-64"阿帕奇"武装直升机

AH-64"阿帕奇"（Apache）武装直升机是由美国麦克唐纳·道格拉斯公司（现波音公司）制造的全天候双座武装直升机，原型机于1975年9月首次试飞，1976年5月竞标获胜，1981年正式被命名为"阿帕奇"。该机是目前美国陆军仅有的一种专门用于攻击的直升机，其最先进的改型为AH-64D"长弓阿帕奇"武装直升机。

AH-64武装直升机机身采用传统的半硬壳结构，前方为纵列式座舱，副驾驶员/炮手在前座，驾驶员在后座。驾驶员座位比前座高48厘米，且靠近直升机转动中心，视野良好，有利于驾驶直升机贴地飞行。主要武器为1门30毫米M230"大毒蛇"链式机关炮，备弹1200发。该机有4个武器挂载点，可挂载16枚AGM-114"地狱火"导弹，或76枚Hydra 70 FFAR火箭弹（4个19管火箭发射巢），也可混合挂载。

制造商	麦克唐纳·道格拉斯公司
生产数量	2000架以上
首次服役时间	1986年
主要使用者	美国陆军

基本参数

机身长度	17.73米
机身高度	3.87米
翼展	14.63米
最大起飞重量	10433千克
最大速度	293千米/小时
最大航程	1900千米

小知识

相传"阿帕奇"是一个英勇善战的武士，被印第安人奉为勇敢和胜利的代表，因此后人使用他的名字为印第安部落命名，而"阿帕奇"族在印第安史上也以强悍著称。AH-64以此为名，正是取其"勇敢和胜利"的寓意。

美国MH-53J "铺路洼" 直升机

MH-53J "铺路洼"（Pave Low）直升机是由HH-53突击运输直升机改装而成的远程纵深突破直升机，被认为是目前世界上技术最先进的直升机之一。

为适应低空全天候渗透任务，MH-53J直升机装备了地形跟踪回避雷达和前视红外夜视系统（机头鼓起处，不透明半球状为雷达，下部带有橙色镜头的是红外夜视转塔），并装有任务地图显示系统。MH-53J直升机除上述系统外，还装备了惯性全球定位系统、多普勒导航系统、任务计算机。借助这些设备，MH-53J直升机能准确地自行导航和进入目标区域。该机能在恶劣气候条件下作战，主要用于运送和补给特种部队、搜索和救援失事飞机及人员。最多可运载38名全副武装士兵或24副担架及4名医护人员，武器装备包括3挺7.62毫米或0.5英寸口径的机枪。

制造商	西科斯基公司
生产数量	11架
首次服役时间	1968年
主要使用者	美国空军

基本参数

机身长度	28米
机身高度	7.6米
翼展	21.9米
最大起飞重量	21000千克
最大速度	315千米/小时
最大航程	1100千米

小知识

在海湾战争期间MH-53J直升机执行了多种任务，而且是最早进入伊拉克领空的盟军作战机种之一。

美国RAH-66 "科曼奇" 武装直升机

RAH-66 "科曼奇"（Comanche）是由波音公司与西科斯基公司合作开发的武装直升机。该机原本计划在1995年8月首次飞行，2001年交付使用并成为美国陆军的主力机种，但研制计划并不顺利。2004年2月23日，在花费80亿美元并耗费21年的宝贵时间后，美国陆军宣布取消生产"科曼奇"的计划。这也是美军有史以来取消的最大的项目之一。

RAH-66武装直升机最突出的优点是它采用了直升机中前所未有的全面隐身设计。该机具有远端导引的能力，能指引僚机所发射的导弹来攻击本机锁定的目标。如果加入美军服役，它将是美军直升机之中首架设计专为全天候武装侦察任务与低可侦测性直升机。

制造商	波音公司、西科斯基公司
生产数量	2架
首次服役时间	未服役
主要使用者	美国陆军

基本参数

机身长度	14.28米
机身高度	3.37米
翼展	11.9米
最大起飞重量	7790千克
最大速度	324千米/小时
最大航程	485千米

小知识

RAH-66 "科曼奇"的名称中，R表示侦察，A表示攻击，H表示直升机，并采用北美印第安人的名字命名为"科曼奇"（Comanche）。

美国ARH-70"阿拉帕霍"武装侦察直升机

制造商: 贝尔公司
生产数量: 4架
首次服役时间: 未服役
主要使用者: 美国陆军

基本参数	
机身长度	10.57米
机身高度	3.56米
翼展	10.67米
最大起飞重量	2268千克
最大速度	259千米/小时
最大航程	300千米

ARH-70"阿拉帕霍"(Arapaho)是由美国贝尔公司研制的武装侦察直升机,主要用于填补OH-58D等侦察直升机不断老化而造成的空缺。第一架ARH-70试验机已在2006年第一季度进行了试飞,ARH-70武装侦察直升机的交付从2007年的10月开始。ARH-70武装侦察直升机的一个突出特点是将目标截获传感器转塔悬挂在了机头下方,明显不同于OH-58D直升机所采用的桅顶观察仪(MMS)。

作为替代OH-58D直升机的后继机种,ARH-70武装侦察直升机不仅要实现探测跟踪目标,还应该能够在面对威胁时主动攻击。为此,ARH-70武装侦察直升机配备各种空对地和空对空武器。它在机身两侧分别安装一个悬臂式武器挂架,可以根据作战需要挂载各种轻型武器。该机可执行武装侦察、对地攻击、单机特种作战等多种任务。

小知识

"阿拉帕霍"是原住于北美洲北普拉特和阿肯色河的一支印第安人部落,历史上与"科曼奇"部落颇有渊源。巧的是,美国的RAH-66直升机与ARH-70直升机的命名也与两个部落名称相同。

苏联米-1直升机

制造商：米里设计局
生产数量：2594架
首次服役时间：1950年
主要使用者：苏联空军

米-1直升机是米里设计局研制的单旋翼通用直升机。在其生产过程中，它的性能被不断地改进和提高，特别是在可靠性方面。与大多数苏联装备一样，为了能够在严寒、恶劣的环境下操作，米-1直升机为两副旋翼及驾驶舱的挡风玻璃都安装了除冰系统。

基本参数	
机身长度	12.09米
机身高度	3.3米
翼展	14.35米
最大起飞重量	2330千克
最大速度	185千米/小时
最大航程	430千米

苏联米-2直升机

制造商：米里设计局
生产数量：5497架
首次服役时间：1965年
主要使用者：苏联空军

米-2直升机是米里设计局设计，由波兰生产的装有双涡轮轴发动机的轻型通用直升机。该机可载8名乘客或700千克货物，为便于装载700千克货物，所有座椅均可拆卸。该机还可加挂火箭弹或SA-7反坦克导弹，作为武装直升机使用。

基本参数	
机身长度	11.4米
机身高度	3.75米
翼展	14.5米
最大起飞重量	3700千克
最大速度	200千米/小时
最大航程	400千米

苏联/俄罗斯米-8中型直升机

制造商：米里设计局
生产数量：12000架以上
首次服役时间：1967年
主要使用者：苏联/俄罗斯空军、苏联/俄罗斯海军、苏联/俄罗斯陆军

米-8直升机是米里设计局设计的一种双发、五叶单旋翼的中型直升机，用途广泛，是世界上产量最大的直升机，被称为直升机王国中的"卡拉什尼科夫"。除了担任运输任务以外，该机还能够加装武器进行火力支援。

基本参数	
机身长度	18.17米
机身高度	5.65米
翼展	21.29米
最大起飞重量	12000千克
最大速度	260千米/小时
最大航程	450千米

苏联/俄罗斯米-24武装直升机

米-24"雌鹿"（Hind）武装直升机由米里设计局研制，也是苏联第一代专用武装直升机。该机于1969年首次试飞，1972年开始批量生产。除苏联/俄罗斯外，米-24武装直升机还曾出口到三十多个国家。

米-24武装直升机的机身为全金属半硬壳式结构，驾驶舱为纵列式布局。后座比前座高，驾驶员视野较好。主舱设有8个可折叠座椅，或4个长椅，可容纳8名全副武装的士兵。该机的主要武器为1挺12.7毫米加特林四管机枪，另有4个武器挂载点可挂载4枚AT-2"蝇拍"反坦克导弹或128枚57毫米火箭弹。此外，还可挂载1500千克化学或常规炸弹，以及其他武器。米-24武装直升机的机身装甲很强，可以抵抗12.7毫米口径子弹攻击。

制造商：	米里设计局
生产数量：	2648架
首次服役时间：	1972年
主要使用者：	苏联/俄罗斯空军

基本参数

机身长度	17.5米
机身高度	6.5米
翼展	17.3米
最大起飞重量	12000千克
最大速度	335千米/小时
最大航程	450千米

小知识

1975年，一位女飞行员曾用米-24武装直升机创下最快爬升、最快速度、最高高度的直升机世界纪录。米-24武装直升机服役后曾参加多场局部战争。

苏联/俄罗斯米-26通用直升机

米-26直升机是米里设计局研制的一款通用直升机。1977年12月第一架原型机首飞，1981年6月在巴黎航展展出，是联合国执行维和任务的直升机机种之一，有多款改良型机种，每个机种都有独特的用途。

米-26通用直升机的货舱空间巨大，可装运两辆步兵装甲车和20吨的标准集装箱，货舱顶部装有导轨并配有两个电动绞车，起吊重量为5吨。其飞行性能能满足全天候的需要，如气象雷达、多普勒系统、地图显示器、水平位置指示器、自动悬停系统、通信导航系统等。它的机载闭路电视摄像仪可对货物装卸和飞行中的货物姿态进行监察。除作为军事用途之外，其民用功能也相当出色，如森林消防、自然灾害救援等。

制造商：	米里设计局
生产数量：	316架以上
首次服役时间：	1985年
主要使用者：	苏联/俄罗斯空军

基本参数

机身长度	40.02米
机身高度	8.14米
翼展	32米
最大起飞重量	56000千克
最大速度	295千米/小时
最大航程	800千米

小知识

1980年在苏联切尔诺贝利核泄漏事故现场的中心地带，米-26通用直升机的机内人员能避免核辐射威胁，从而安全地执行救援任务。

苏联/俄罗斯米-28武装直升机

米-28武装直升机是米里设计局研制的单旋翼带尾桨全天候专用武装直升机，1982年11月10日首次试飞。1989年，米-28武装直升机在法国国际航空展首次亮相，显示出美国AH-64武装直升机所没有的优异机动性能，引起各方关注。自问世以来，米-28武装直升机的综合性能一直受到军方的高度肯定。

米-28武装直升机是世界上唯一的全装甲直升机，特别强调飞行人员的存活率。机身为全金属半硬壳式结构，驾驶舱为纵列式布局，四周配有完备的钛合金装甲。前驾驶舱为领航员/射手，后面为驾驶员。座椅可调高低，能吸收撞击能量。旋翼系统采用半刚性铰接式结构，桨叶为5片。米-28武装直升机的主要武器为1门30毫米机炮，另有4个武器挂载点可挂载16枚AT-6反坦克导弹，或40枚火箭弹（两个火箭巢）。

制造商：米里设计局
生产数量：126架
首次服役时间：2009年
主要使用者：俄罗斯空军

基本参数

机身长度	17.01米
机身高度	3.82米
翼展	17.20米
最大起飞重量	11500千克
最大速度	325千米/小时
最大航程	1100千米

小知识

米-28武装直升机在俄军内部的绰号为"米老鼠"（Micky Mouse），这是因为其机首突出的雷达酷似米老鼠圆圆的鼻子。

苏联/俄罗斯米-34通用直升机

米-34直升机是米里设计局研制的4座轻型通用直升机，1987年首次在巴黎航展上展出。

米-34通用直升机装有1台韦杰涅耶夫设计局设计的M-14V-26九缸活塞式发动机，这种发动机具有特技飞行直升机所需的一些非常重要的特性，如加速性好、对吸入的废气不敏感等。该机所具备的飞行技术特性和结构特点保证了其能够完成特技直升机的各种特技飞行和后飞的机动动作。米-34通用直升机能完成世界冠军比赛大纲所规定的动作，其中包括准确驾驶、准确到达、准确领航和回避障碍。米-34通用直升机装有两套操纵装置，从而使这种直升机既可以作为教练机，又可以作为联络机和巡逻机，驾驶舱后面有一个空间舱，必要时可载人或装货。

制造商：米里设计局
生产数量：27架
首次服役时间：1993年
主要使用者：俄罗斯警察

基本参数

机身长度	11.41米
机身高度	2.75米
翼展	10米
最大起飞重量	1450千克
最大速度	210千米/小时
最大航程	356千米

小知识

米里设计局称，米-34通用直升机的研制成功使俄罗斯直升机制造业摆脱了多年来在轻型直升机制造领域落后的局面。

俄罗斯米-35武装直升机

| 制造商： | 米里莫斯科直升机公司 |

生产数量：未知

首次服役时间：2004年

主要使用者：俄罗斯空军、俄罗斯陆军航空队

基本参数	
机身长度	18.8米
机身高度	6.5米
翼展	17.1米
最大起飞重量	11500千克
最大速度	330千米/小时
最大航程	500千米

  米-35武装直升机是米里莫斯科直升机公司（原米里设计局）研制的中型多用途武装直升机，是苏联第一种专用武装直升机米-24W的改进型。

  该机把米-24武装直升机的机体翻新，把其结构寿命延长了4000小时。机头装有可旋转的4管12.7毫米机枪塔，其射速高达每分钟4500发，能有效杀伤地面人员和轻装甲目标。短翼挂装串联装药的AT-9型反坦克导弹，破甲厚度达800毫米，可轻易击穿反应装甲。此外，米-35武装直升机还可挂装火箭发射巢和自动榴弹发射器等装备。为了增强夜视能力，米-35武装直升机采用红外线夜视仪和全球定位系统，资料会显示在头盔瞄准器上，可执行多种任务。该机最大的优点是有一个可容纳8名人员的机舱，最大起飞重量超出米-8中型直升机1倍。

小 知 识

  2007年，沙特阿拉伯与俄罗斯签署了采购150架米-35武装直升机和米-17运输机的合同，总价值超过22亿美元。沙特阿拉伯之所以选择米-35武装直升机，主要是看重了其所具有多重用途。

苏联/俄罗斯卡-27反潜直升机

卡-27反潜直升机是卡莫夫设计局研制的一种共轴反转双旋翼直升机,也是一种双发多用途军用直升机,主要为苏联海军研制。第一架原型机于1973年首飞,它的目的是取代服役已十年的卡-25直升机。由于要求使用相同的机库,卡-27反潜直升机需要具备与卡-25直升机相似的外观尺寸。

卡-27反潜直升机的主要任务为运输和反潜,装备有机腹鱼雷、深水炸弹及其他基础武器。机上装有自动驾驶仪、飞行零位指示器、多普勒悬停指示器、航道罗盘、大气数据计算机。航空电子设备包括360度搜索雷达、多普勒雷达、深水声呐浮标、磁异探测器、红外干扰仪和干扰物投放器等。

制造商:	卡莫夫设计局
生产数量:	267架
首次服役时间:	1982年
主要使用者:	苏联/俄罗斯海军

基本参数

机身长度	11.3米
机身高度	5.5米
翼展	15.8米
最大起飞重量	12000千克
最大速度	270千米/小时
最大航程	980千米

小知识

卡-27反潜直升机用途广泛,在多个国家都有服役,不过由于新型反潜巡逻机的问世,卡-27反潜直升机也将慢慢退出各国的军事列装。

苏联/俄罗斯卡-29直升机

卡-29直升机是卡莫夫设计局研制的双发突击运输及电子战直升机。其研发概念是一机多型,为突击运输、电子对抗、两栖战斗兼运输类型的直升机。1976年7月,卡-29试验样机成功地进行了首次飞行。

卡-29直升机采用的共轴双旋翼还可使运动时所引起的振动互相抵消,其振动水平很低,对瞄准和准确射击十分有利,并可延长机体和设备的寿命。此外,对减轻乘员的疲劳、提高工作效率也大有好处。其水平尾翼和垂直尾翼,可用脚蹬操纵直升机绕其垂直轴线原地转圈,在静升限上也可进行,这在世界上战斗直升机中是绝无仅有的。这有利于提高机动性和保证在极限低空飞行的安全性,对在极短的时间内占领攻击阵位,并对实施精确的射击也有帮助。

制造商:	卡莫夫设计局
生产数量:	59架
首次服役时间:	1985年
主要使用者:	苏联/俄罗斯海军

基本参数

机身长度	15.9米
机身高度	5.4米
翼展	15.9米
最大起飞重量	12600千克
最大速度	280千米/小时
最大航程	440千米

小知识

"一机多型"或"一机多用"的设计思想和做法,目前已在全世界被广泛采用,卡-29直升机就是其中很有代表性的型号之一。

苏联/俄罗斯卡-50武装直升机

制造商：卡莫夫设计局
生产数量：32架
首次服役时间：1995年
主要使用者：俄罗斯空军

基本参数	
机身长度	13.5米
机身高度	5.4米
翼展	14.5米
最大起飞重量	10800千克
最大速度	350千米/小时
最大航程	1160千米

卡-50武装直升机是卡莫夫设计局研制的单座武装直升机，1982年6月首次试飞，1992年底获得初步作战能力。该机是目前世界上唯一单人操作的武装直升机，已被俄罗斯空军选作新一代反坦克直升机。

卡-50是世界上第一架采用单人座舱、同轴反转旋翼、弹射救生座椅的武装直升机。两具同轴反向旋翼装在机身中部，每具3片旋翼。卡-50武装直升机的主要武器为1门30毫米2A42型航炮，另有4个武器挂载点可挂载16枚AT-9反坦克导弹或80枚80毫米S8型空对地火箭。卡-50武装直升机是第一架像战斗机一样配备了弹射座椅的直升机，飞行员利用此装置逃生只需要短短2.5秒。动力装置为2台TB3-117涡轮轴发动机，每台功率为1640千瓦。

小知识

由于卡-50在错误的时间"诞生"在苏联解体和俄罗斯国防预算大幅削减的困难时期，项目不可避免地遭受巨大冲击，被推迟了十多年后，首批12架生产型中的最后3架在2009年年末才交付俄罗斯空军。

俄罗斯卡-52武装直升机

| 制造商：卡莫夫设计局 |
| 生产数量：100架以上 |
| 首次服役时间：2010年 |
| 单位造价：俄罗斯空军、俄罗斯海军 |

基本参数	
机身长度	15.96米
机身高度	4.93米
翼展	14.43米
最大起飞重量	10400千克
最大速度	310千米/小时
最大航程	1100千米

卡-52武装直升机是卡莫夫设计局在卡-50武装直升机基础上改进而来的双座武装直升机，设计目的是为卡-50武装直升机提供战场情报，作为协调与控制的保障机。该机于1997年6月25日首次试飞。

卡-52武装直升机最显著的特点是采用并列双座布局的驾驶舱，而非传统的串列双座。除驾驶舱以外，机体大量采用了复合材料，其重量约占全机重量的35%。复合材料能吸收雷达回波，可降低被对方雷达发现的概率。它的破损安全性也好，有助于减小弹击造成的破坏后果。该机有85%的零部件与已经批量生产的卡-50武装直升机通用。卡-52武装直升机装有1门不可移动的23毫米机炮，短翼下的4个武器挂架可挂载12枚超音速反坦克导弹，也可安装4个火箭发射巢。为消灭远距离目标，卡-52武装直升机还可挂X-25MJI空对地导弹或P-73空对空导弹等。该机的动力装置为2台TB3-117 BMA涡轮轴发动机。

小知识

苏联的解体影响了卡-52武装直升机的量产，目前只有极少量存在，但是在经济逐渐有起色后俄罗斯打算重新开始稳定生产。

欧洲AS 555 "小狐" 轻型直升机

AS 555 "小狐"（Fennec）轻型直升机是欧洲直升机公司研发的轻型通用直升机，生产基地位于法国马里格纳。此外，欧洲直升机公司还从巴西获得了军事装备合同，部分AS 555 "小狐"轻型直升机在那里建造，并服役于巴西军队。

AS 555轻型直升机的机身使用轻型合成金属材料，采用了热力塑型技术。主旋翼中央叶毂相同径向三叶片对称配置螺旋桨也采用了合成材料，以便减轻机体重量，同时增加防护力。该机可以装备多种武器系统，以满足多种地域和地形对军事活动的需求，如法国军队中服役的AS 555AN系列配有20毫米M621机炮、轻型自动寻的鱼雷和"西北风"导弹，还能配备"派龙"挂架安装火箭。该机的动力装置为2具法国产1A涡轮轴发动机，持续输出功率达302千瓦。

制造商：欧洲直升机公司
生产数量：未知
首次服役时间：1990年
主要使用者：法国空军、法国陆军、丹麦空军等

基本参数

机身长度	12.94米
机身高度	3.34米
翼展	10.69米
最大起飞重量	2250千克
最大速度	246千米/小时
最大航程	648千米

小知识

与AS 350系列一样，AS 355的名称与销售地区的不同而有所区别，在北美洲市场上销售的AS 355称为"双星"，在世界其他市场上销售的AS 355称为"松鼠"2。

欧洲EH-101 "灰背隼" 直升机

EH-101 "灰背隼"（Merlin）直升机是英国、意大利联合研制的通用直升机，1987年10月首次试飞，主要用户包括英国皇家空军、英国皇家海军、意大利空军、土库曼斯坦空军、沙特阿拉伯空军、葡萄牙空军、挪威皇家空军等。

EH-101直升机的机身结构由传统和复合材料构成，设计上尽可能采用多重结构式设计，主要部件在受损后仍能起作用。该机具有全天候作战能力，可用于运输、反潜、护航、搜索救援、空中预警和电子对抗等。各型EH-101直升机的机身结构、发动机、基本系统和航空电子系统基本相同，主要的不同在于执行不同任务时所需的特殊设备。执行运输任务时，EH-101直升机可装载两名飞行员和35名全副武装的士兵，或者16副担架加一支医疗队。

制造商：阿古斯塔·韦斯特兰公司
生产数量：未知
首次服役时间：1999年
主要使用者：英国皇家海军、英国皇家空军、意大利海军等

基本参数

机身长度	22.81米
机身高度	6.65米
翼展	18.59米
最大起飞重量	14600千克
最大速度	309千米/小时
最大航程	833千米

小知识

EH-101直升机创造了航空史上首次同时获得三个国家航空管理当局[美国FAA（Federal Aviation Administration，美国联邦航空管理局）、英国CAA（Civil Aviation Authority，英国民用航空管理局）和意大利RAI（Registro Aeronautico Italiano，意大利航空登记处）]适航证的纪录，并同时生产民用、海军和运输三种改型机。

欧洲"虎"式武装直升机

制造商:欧洲直升机公司

生产数量:180架

首次服役时间:2003年

主要使用者:德国陆军、法国陆军、澳大利亚陆军等

基本参数

机身长度	14.08米
机身高度	3.83米
翼展	13米
最大起飞重量	6000千克
最大速度	315千米/小时
最大航程	800千米

"虎"(Tiger)式是由欧洲直升机公司研制的武装直升机。它的空中机动性能、续航力、机炮射击精确度均优于AH-64等美制武装直升机,适合进行直升机空战,整体武器筹载虽然不如美制武装直升机,仍足以胜任一般的反坦克、猎杀软性目标或密接支援等任务;而在后勤维持成本上,相较于AH-64、AH-1系列,"虎"式武装直升机则拥有较大的优势。

"虎"式武装直升机机身较短、大梁短粗。机头呈四面体锥形前伸,座舱为纵列双座,驾驶员在前座,炮手在后座,与目前所有其他武装直升机相反。该机能够抵抗23毫米自动炮火射击,其旋翼由能承受战斗破坏和鸟击的纤维材料制成,并且针对雷电和电磁脉冲使用了嵌入铜/青铜网格和铜线连接箔进行防护。该机的机载设备较为先进,视觉、雷达、红外线、声音信号都减至最低水平。

小知识

2009年年初,法国陆军决定派遣3架"虎"式武装直升机长期驻扎阿富汗,执行反游击作战、护航以及战场侦察等任务,成为第一批投入实战任务的"虎"式武装直升机。

欧洲NH90武装直升机

NH90武装直升机是由英国、法国、德国、意大利和荷兰五国于1985年9月起共同研制的中型多用途直升机，其联合研制计划是有史以来欧洲最大的直升机项目。首架原型机于1995年11月首飞，2000年6月30日开始批量生产。

NH90武装直升机具有重量轻、耐腐蚀、雷达特征小、耐23毫米口径炮弹攻击的特点。机体有足够的空间装载各种海军设备，或安排20名全副武装士兵的座椅。通过尾舱门跳板还可运载2吨级战术运输车辆。由于装有电传操纵飞行控制系统，即使在只有一名驾驶员的情况下，也能方便地按目视规则或仪表规则飞行。该直升机装有自动监测和故障诊断系统，以确保直升机在飞行中和在地面均具有最大的可靠性。为提高机体的耐坠能力，机身下装有高吸能可收放式前三点起落架。

制造商：北约直升机工业公司
生产数量：383架
首次服役时间：2007年
主要使用者：澳大利亚陆军、比利时空军、芬兰陆军等

基本参数

机身长度	19.56米
机身高度	5.44米
翼展	16.3米
最大起飞重量	10000千克
最大速度	310千米/小时
最大航程	1204千米

小知识

2008年6月1日，一架意大利空军的NH-90武装直升机在参加航展期间进行飞行表演时，于布拉恰诺湖坠落，飞行员丧生。

意大利A129"猫鼬"武装直升机

A129"猫鼬"（Mangusta）武装直升机是意大利阿古斯塔公司研制的欧洲第一种武装直升机，也是第一种经历过实战考验的欧洲国家的武装直升机。1983年9月首次试飞，1990年10月6日，首批5架A129"猫鼬"武装直升机交付意大利陆军航空兵训练中心。

A129武装直升机有着完善的全昼夜作战能力，它有2台计算机控制的综合多功能火控系统，可控制飞机的各项性能。机上装有霍尼韦尔公司生产的前视红外探测系统，使得直升飞机可在夜间贴地飞行。头盔显示瞄准系统使驾驶员和武器操作手均可迅速发起攻击。A129武装直升机在4个外挂点上可携带1200千克外挂物，通常携带8枚"陶"式反坦克导弹、2挺7.62毫米（或12.7毫米、20毫米）机枪或81毫米火箭发射舱。另外，A129武装直升机也有携带"毒刺"空对空导弹的能力。

制造商：阿古斯塔公司
生产数量：60架
首次服役时间：1983年
主要使用者：意大利陆军

基本参数

机身长度	12.28米
机身高度	3.35米
翼展	11.9米
最大起飞重量	4600千克
最大速度	278千米/小时
最大航程	1000千米

小知识

A129"猫鼬"武装直升机曾在索马里服役，也曾在波斯尼亚参战，多次的参战经验为之后改进A129武装直升机提供了重要的数据。

英国WAH-64武装直升机

WAH-64武装直升机是英国特许生产的AH-64D"长弓阿帕奇"（Apache Longbow）武装直升机，是搭载了先进传感与武器系统的AH-64改良型，由麦克唐纳·道格拉斯飞机公司（现波音公司）制造。鉴于AH-64D武装直升机的优秀作战能力，英国陆军迅速加以引进，由阿古斯塔·韦斯特兰公司特许生产并命名为WAH-64。

WAH-64武装直升机装备劳斯莱斯发动机，一个新的电子防御套件和折叠机叶，并允许英国装备。与美国和荷兰不同，英国为其装备的WAH-64武装直升机选装了RTM322 Mk250型发动机，该型发动机可以与EH-101"灰背隼"直升机通用，其功率达到1662千瓦，比同属"阿帕奇"系列的其他直升机所装备的GE T701C发动机功率要高19%。

制造商：麦克唐纳·道格拉斯飞机公司
生产数量：67架
首次服役时间：2001年
单位造价：英国陆军航空队

基本参数

机身长度	17.73米
机身高度	3.87米
翼展	14.6米
最大起飞重量	10433千克
最大速度	293千米/小时
最大航程	1900千米

小知识

英国王储哈里王子在服役于阿富汗战场期间，曾驾驶英国陆军的WAH-64武装直升机，用导弹和30毫米机炮立下击毙一名塔利班指挥官的战功。

英国AW159"野猫"武装直升机

AW159"野猫"（Wildcat）是英国阿古斯特·韦斯特兰公司在"山猫"直升机的基础上研制的新型武装直升机，早期命名为"未来山猫"，最后正式定名为"野猫"。2009年11月12日，AW159武装直升机成功进行首次飞行。

该直升机虽然是在"山猫"直升机的基础上改进而来，但两者的差异极大。AW159武装直升机的尾桨经过重新设计，耐用性更强，隐身性能也更好。采用两台LHTEC CTS800涡轮轴发动机，单台功率为1016千瓦。该直升机的主要武器为FN MAG机枪（陆军版）、CRV7制导火箭弹和泰利斯公司生产的轻型多用途导弹。海军版装有勃朗宁M2机枪，还可搭载深水炸弹和鱼雷。主要用于反舰、武装保护和反海盗等任务，同时还具备反潜战能力。

制造商：阿古斯特·韦斯特兰公司
生产数量：12架
首次服役时间：2014年
主要使用者：英国皇家海军

基本参数

机身长度	15.24米
机身高度	3.73米
翼展	12.8米
最大起飞重量	6000千克
最大速度	291千米/小时
最大航程	777千米

小知识

2012年1月12日英国国防部宣布，AW159"野猫"武装直升机已经在"铁公爵"号护卫舰上完成了海上着舰试验，从而启动了历时一个月的系列海试。

英国/法国"山猫"直升机

"山猫"（Lynx）直升机是英国和法国合作生产的双发多用途直升机，1971年3月，第1架原型机首次试飞。

"山猫"直升机总体布局为4片桨叶半刚性旋翼和4片桨叶尾桨。旋翼桨叶可以互换，翼型弯曲、重量递减。每片桨叶通过钛桨根接头与挠性臂固定在桨毂上。轻合金尾桨大梁与根部接头是机械加工的整体构件，大梁构成翼型前段，前缘有不锈钢包条。该机执行武装护航、反坦克和空对地攻击任务时，可以携带20毫米机炮、7.62毫米机枪，68毫米、70毫米或80毫米火箭弹和各种反坦克导弹。海军型可携带鱼雷、深水炸弹或空对舰导弹。"山猫"直升机可用于执行战术部队运输、后勤支援、护航、反坦克、搜索和救援、伤员撤退、侦察和指挥等任务。海军版还可用于反潜、对水面舰只搜索和攻击、垂直补给等。

制造商：英国韦斯特兰公司、法国宇航公司
生产数量：450架
首次服役时间：1978年
主要使用者：英国陆军、英国皇家海军

基本参数

机身长度	15.16米
机身高度	3.66米
翼展	12.8米
最大起飞重量	4535千克
最大速度	289千米/小时
最大航程	630千米

小知识

1982年的马岛战争中，7架"山猫"直升机作为第一梯队参加了作战，后来英军向马岛战区又补充了3架"山猫"直升机。

英国"超级大山猫"多用途直升机

"超级大山猫"（Super Lynx）多用途直升机是"山猫"直升机的后续发展机型，实际上是英国为出口而研制的一种"山猫"改进型舰载直升机。起初，它只是在"山猫"直升机的基础上加大了功率，后来技术不断升级，发展出"超级大山猫"多用途直升机100型、200型和300型。机上装有性能更为先进的"宝石"42型发动机，座舱内装备有6个电子飞行仪表系统显示屏以及新型导航系统和姿态航向基准系统，同时改进了通信设备。

"超级大山猫"多用途直升机具备全天候作战能力，它以其优良性能和不太高的价格打开了国际市场，成为世界海上直升机市场上销售量最大的直升机之一。"超级大山猫"多用途直升机还可装备4枚"海上大鸥"或2枚"企鹅"反舰导弹，可执行反舰、反潜、搜索和救援行动以及海上侦察任务，还可与小型舰艇搭配实施作战行动。

制造商：韦斯特兰公司
生产数量：450架
首次服役时间：2000年
主要使用者：英国陆军、英国皇家海军

基本参数

机身长度	15.24米
机身高度	3.67米
翼展	12.8米
最大起飞重量	5125千克
最大速度	289千米/小时
最大航程	630千米

小知识

英国人依靠"超级大山猫"多用途直升机续写了自己的辉煌，虽然阿古斯塔·韦斯特兰公司研制的EH-101直升机也有英国直升机的血统，但更多的是意大利人的荣光。

法国SA 316/319 "云雀" III直升机

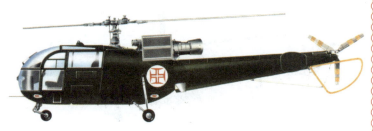

SA 316/319 "云雀" III（Alouette III）直升机是法国宇航公司研制的轻型通用直升机，已被数十个国家采用，广泛装备各国空军部队，部分国家的海军和陆军也有采用。

"云雀" III直升机分为SA 316系列和SA 319系列，前者于1959年2月28日首次试飞，SA 319是SA 316C的发展型，1971年开始生产，安装透博梅卡"阿斯泰勒" III B 涡轮轴发动机，增加了发动机的效率，减少了耗油量。"云雀" III直升机的军用型可以安装7.62毫米机枪或者20毫米机炮，还能外挂4枚AS11或者2枚AS12有线制导导弹，可以攻击坦克和小型舰艇。"云雀" III直升机的反潜型安装了鱼雷和磁场异常探测仪，还有的安装了能起吊175千克重物的救生绞车。

制造商：法国宇航公司
生产数量：2000架以上
首次服役时间：1960年
主要使用者：法国空军

基本参数

机身长度	12.84米
机身高度	3米
翼展	11.02米
最大起飞重量	2200千克
最大速度	220千米/小时
最大航程	605千米

小知识

SA 316/319直升机还授权在印度制造，并命名为"猎豹"，罗马尼亚制造的型号命名为IAR-316，瑞士也被授权制造。

法国SA 321 "超黄蜂"直升机

SA 321 "超黄蜂"（Super Frelon）直升机是法国宇航公司研制的通用直升机。在研制过程中，特别是在旋翼系统设计、制造和试验工作中，曾得到美国西科斯基公司的帮助，主减速器由意大利菲亚特公司提供。1962年12月，第一架原型机首次试飞。

SA 321 "超黄蜂"直升机采用普通全金属半硬壳式机身，船形机腹由水密隔舱构成。该机有6片桨叶旋翼，可液压操纵自动折叠。尾桨有5片金属桨叶，与旋翼桨叶结构相似。"超黄蜂"直升机驾驶舱内有正、副驾驶员座椅，具有复式操纵机构和先进的全天候设备。能执行多种任务，如运输、撤退伤员、搜索、救援、海岸警戒、反潜、扫雷、布雷等。

制造商：法国宇航公司
生产数量：110架
首次服役时间：1966年
主要使用者：法国空军

基本参数

机身长度	23.03米
机身高度	6.66米
翼展	18.9米
最大起飞重量	13000千克
最大速度	275千米/小时
最大航程	1020千米

小知识

1963年7月，SA 321 "超黄蜂"直升机打破了国际航空协会记载的直升机世界速度纪录。

法国SA 330"美洲豹"直升机

制造商：法国宇航公司

生产数量：697架

首次服役时间：1968年

主要使用者：法国空军、法国陆军

基本参数	
机身长度	19.5米
机身高度	5.14米
翼展	15米
最大起飞重量	7500千克
最大速度	271千米/小时
最大航程	572千米

SA 330"美洲豹"（Puma）直升机是法国宇航公司研制的中型通用直升机，1965年4月15日首次试飞。除法国空军和陆军使用外，该机还出口到其他三十多个国家。

SA 330"美洲豹"直升机有一个相对较高的粗短机身，旋翼为4叶，尾桨为5叶。机身背部并列安装2台"透默"IV.C型涡轮轴发动机，单台功率为1175千瓦。采用前三点固定起落架，是一种带尾桨的单旋翼布局直升机。机头为驾驶舱，飞行员1~2名，主机舱开有侧门，可装载16名武装士兵或8副担架加8名轻伤员，也可运载货物，机外吊挂能力为3200千克。该机可视要求搭载导弹、火箭，或在机身侧面与机头分别装备20毫米机炮及7.62毫米机枪。

小知识

1978年9月13日，"美洲豹"直升机发展型AS332第一次试飞，别名"超级美洲豹"。其特点是载重更大、抗坠性好、战场生存性强、舱内噪音降低。

法国AS 332"超级美洲豹"直升机

制造商：法国宇航公司

生产数量：1000架

首次服役时间：1980年

主要使用者：法国空军、法国陆军

基本参数	
机身长度	16.79米
机身高度	4.97米
翼展	15.6米
最大起飞重量	9150千克
最大速度	277千米/小时
最大航程	851千米

AS 332"超级美洲豹"（Super Puma）直升机是法国宇航公司以SA 330直升机为基础研制的中型直升机，以适应世界7～8吨级直升机市场的需要。1978年9月13日首架AS 332直升机进行试飞。

为了进一步提高有效载重和其他性能，简化维护，降低座舱噪音水平，减小战场上使用的易损性，提高坠毁时乘员的生存性，AS 332直升机进行了多处改进。机体的明显变化有：机头加长，纵向、横向轮距增大，起落架有"下跪"能力，增加尾鳍，旋翼、尾桨桨叶采用效率更高的新型翼型。AS 332直升机有军用型和民用型两种，除机身长度和选装设备不同外，无实质性区别。军用型AS 332直升机还装有1门20毫米机炮，2挺7.62毫米机枪或2具火箭发射器，可装置6枚68毫米火箭弹或19枚70毫米火箭弹。

小 知 识

在一些以二战后苏联红军为背景的西方电影当中，经常会把AS 332直升机涂成苏军直升机式样以扮演苏军直升机。

英国/法国SA341/342"小羚羊"武装直升机

SA 341/342"小羚羊"（Gazelle）武装直升机是由法国宇航公司和英国韦斯特兰公司共同研制的轻型通用直升机，第一架原型机在1967年4月首次试飞。该机可为特种部队和对地目标攻击时所采用，适于执行舰载任务。

"小羚羊"武装直升机的机体大量使用了夹心板结构，座舱框架为轻合金焊接结构，安装在普通半硬壳底部机构上。采用三片半铰接式旋翼，可人工折叠。起落架采用钢管滑橇式，可加装机轮、浮筒和雪橇等。"小羚羊"武装直升机的主要武器包括1门20毫米机炮或2挺7.62毫米机枪，可带4枚"霍特"反坦克导弹或2个70毫米或68毫米火箭吊舱。"小羚羊"武装直升机的动力装置为1台"阿斯泰阳"XIVM涡轮轴发动机，功率为640千瓦。

制造商：法国宇航公司、英国韦斯特兰公司
生产数量：1775架
首次服役时间：1973年
主要使用者：法国空军、英国空军

基本参数

机身长度	11.97米
机身高度	3.19米
旋翼直径	10.5米
最大起飞重量	1900千克
最大速度	260千米/小时
最大航程	710千米

小知识

1982年马岛战争中，SA 341/342武装直升机在英军的垂直登陆作战中发挥重要作用。该机与英国海军的其他直升机一起，将英军突击队员和所需物资大量运上岸，使英军能迅速建立滩头阵地。

法国AS 350"松鼠"通用直升机

AS 350"松鼠"（Squirrel）通用直升机是法国宇航公司为取代"云雀"Ⅱ直升机而研制的轻型通用直升机，于1974年6月30日首飞。该机采用单旋翼带尾桨式布局，其外挂重量超过1吨，以高性能、坚实耐用、可靠性高、维修成本低等特点而著称。

AS 350通用直升机自初次飞行以来，其世界总飞行时间已接近200万小时。该型直升机装备有先进的3轴自动驾驶（选装）和双套液晶显示器的VEMD（发动机多功能）显示系统。驾驶员可轻松看到机体和发动机参数，减轻了工作负担并提高了安全性。

制造商：法国宇航公司
生产数量：3590架
首次服役时间：1975年
主要使用者：法国警察、巴西空军

基本参数

机身长度	10.93米
机身高度	3.14米
翼展	10.69米
最大起飞重量	2250千克
最大速度	287千米/小时
最大航程	662千米

小知识

2010年4月29日，一架AS 350通用直升机从尼泊尔安纳普尔纳峰的山坡上拯救了三名西班牙登山者，这次海拔6900米的救援创造了救援海拔的世界纪录。

法国AS 355"松鼠"Ⅱ通用直升机

　　AS 355"松鼠"Ⅱ是有法国宇航公司制造的一种双引擎通用直升机，1979年9月28日原型机首次试飞。

　　AS 355通用直升机机身取材于轻型合成金属材料，采用了热力塑型技术。主旋翼中央叶毂相同径向三叶片对称配置螺旋桨也采用了合成材料，以便减轻机体重量，同时增加防护力。内部座椅均使用了强化材料。主机身两侧分别设有一个滑门。在主舱室后是一个大行李舱，与主舱室之间有一个小门相连。该直升机拥有搜索和营救绞盘，配备可承重1134千克的货物挂钩，可用于抢救伤员。AS 355通用直升机主要用于执行舰载作战任务，配备有反潜装置和海平面目标定位系统。在攻击武器方面，AS 355通用直升机配备轻型自动寻的鱼雷，其他可供选装的武器系统包括导弹、火箭和机枪。

制造商：	法国宇航公司
生产数量：	347架
首次服役时间：	1975年
主要使用者：	法国空军、法国海军

基本参数

机身长度	12.94米
机身高度	3.14米
翼展	10.69米
最大起飞重量	2540千克
最大速度	278千米/小时
最大航程	703千米

小知识

　　1980年10月，AS 355"松鼠"Ⅱ通用直升机获得法国民航总局颁布的目视飞行型号合格证，1981年1月获得美国联邦航空局颁布的型号合格证。

法国SA 360/361/365"海豚"直升机

　　SA 360/361/365"海豚"（Dauphin）直升机是法国宇航公司研制的通用直升机，原型机于1972年6月首飞，生产型在1975年4月首次试飞，1976年开始交付使用。

　　"海豚"（Dauphin）直升机机身为通常的半硬壳式结构，旋翼系统采用无摆振铰桨毂和涵道尾桨；旋翼桨毂上加盖整流罩，以改善其尾流特性。旋翼桨叶由玻璃纤维增强塑料制成，提高了使用寿命，延长了翻修周期，降低了生产成本。加宽了尾梁与机身对接处的尺寸，减小了机身外壳的湍流源，改善了气动特性。起落架装有油气缓冲支柱，具有良好的减震性能。"海豚"直升机在执行反坦克任务时，可携带8枚"霍特"导弹，执行对地攻击时，可装20毫米机炮、火箭和7.62毫米机枪，运输时，可运送8~10名全副武装的士兵。

制造商：	法国宇航公司
生产数量：	1000架
首次服役时间：	1976年
主要使用者：	法国空军

基本参数

机身长度	13.2米
机身高度	3.5米
翼展	11.5米
最大起飞重量	3000千克
最大速度	315千米/小时
最大航程	675千米

小知识

　　1975年法国宇航公司推出的双发SA 365直升机，被命名为"海豚"Ⅱ。

法国AS 532"美洲狮"直升机

AS 532"美洲狮"（Cougar）直升机是欧洲直升机公司研制的双发多用途直升机，1978年9月13日，原型机AS332"超美洲豹"首飞成功。1990年将军用型重新命名为AS 532"美洲狮"。

AS 532直升机的旋翼为4片全铰接桨叶，尾桨叶也是4片，其起落架为液压可收放前三点式，前轮为自定中心双轮，后轮是单轮，并装有双腔油-气减振器。机舱上方装有进气口，进气道口装有格栅，可防止冰、雪及异物等进入。其机载设备可根据不同的需要灵活调整。AS 532"美洲狮"直升机有多种改型，其陆/空型号可安装2挺20毫米或7.62毫米机枪，海军型可安装2枚AM39"飞鱼"反舰导弹或2枚轻型鱼雷。

制造商：	欧洲直升机公司
生产数量：	1000架
首次服役时间：	1978年
主要使用者：	法国空军、法国陆军

基本参数

机身长度	15.53米
机身高度	4.92米
翼展	15.6米
最大起飞重量	9000千克
最大速度	249千米/小时
最大航程	573千米

小知识

据1995年统计数据，共有42个国家订购了456架AS 332/532机型。

德国BO 105通用直升机

BO 105直升机是德国伯尔科夫公司研制的双发通用直升机，于1962年7月开始初步设计，1966年首次试飞，智利、阿尔巴尼亚、伊拉克、荷兰、尼日利亚、秘鲁、菲律宾、瑞典等国家的空军均有装备。

BO 105通用直升机的机身为普通半硬壳式结构，其主要特点是采用只有变距铰的刚性旋翼，钛合金桨毂，挠性玻璃钢桨叶。这是第一次在生产型直升机上采用玻璃钢桨叶和只有变距铰的桨毂。该机采用普通的滑橇式起落架，舰载使用时可以改装成轮式起落架，海上使用时可以加装应急漂浮装置，需要时在3秒内可充气完毕。BO 105通用直升机可携带"霍特"或"陶"式反坦克导弹，还可选用7.62毫米机枪、20毫米RH202机炮以及无控火箭弹等。空战时，还可使用R550"魔术"空对空导弹。

制造商：	伯尔科夫公司
生产数量：	1500架以上
首次服役时间：	1970年
主要使用者：	德国空军

基本参数

机身长度	11.86米
机身高度	3米
翼展	9.84米
最大起飞重量	2500千克
最大速度	270千米/小时
最大航程	575千米

小知识

在北海一艘排水量只有170吨的小巡逻艇上，BO 105通用直升机曾顺利地完成了安全起飞和降落试验。

韩国KUH-1"雄鹰"通用直升机

制造商：韩国航天工业公司

生产数量：69架

首次服役时间：2013年

主要使用者：韩国陆军

基本参数

机身长度	19米
机身高度	4.5米
翼展	15.8米
最大起飞重量	8709千克
最大速度	259千米/小时
最大航程	480千米

KUH-1"雄鹰"（Surion）直升机是韩国航天工业公司以AS 332"超级美洲狮"直升机为基础发展而来的通用直升机，于2010年3月首飞。

KUH-1通用直升机配备了全球定位系统、惯性导航系统、雷达预警系统等现代化电子设备，可以自动驾驶、在恶劣天气及夜间环境执行作战任务以及有效应对敌人防空武器的威胁。该机驾驶员的综合头盔能够在护目镜上显示各种信息，状态监视装置能够检测并预告直升机的部件故障。装于两侧舱门口旋转枪架上的新式7.62毫米XK13通用机枪，配有大容量弹箱以及弹壳搜集袋，确保火力持续水平。"雄鹰"续航能力在2小时以上，可搭载2名驾驶员和11名全副武装的士兵。该机可以遂行作战和搜救任务，对于多山的韩国来说可谓量身打造。

小知识

2012年12月至2013年2月，KUH-1"雄鹰"通用直升机在美国阿拉斯加成功完成50架次极端严寒天气试飞，航程超过1.1万千米。

伊朗"风暴"武装直升机

制造商：伊朗航空工业公司
生产数量：65架
首次服役时间：2010年
主要使用者：伊朗空间

基本参数	
机身长度	17.4米
机身高度	4米
翼展	14.4米
最大起飞重量	4500 千克
最大速度	280千米/小时
最大航程	550 千米

"风暴"(Storm)武装直升机是伊朗以美国贝尔公司AH-1J"海眼镜蛇"直升机为母型发展而来的。2010年4月底,伊朗海军正式接收了10架国产"风暴"武装直升机。2013年1月,伊朗又公布了"风暴"Ⅱ武装直升机。

"风暴"武装直升机的A/A49E型炮塔内装有1门20毫米口径"加特林"转膛机炮,短翼可以挂载70毫米口径火箭发射巢和两具反坦克导弹发射器,使之具备了较为完善的对地压制能力。在防护能力方面,"风暴"武装直升机采用了纵列串列式座舱,副驾驶/射手在前,飞行员在较高的后舱内,均装备有坠机能量吸收座椅。座舱整合了GPS(地理信息系统),机尾加装了警告雷达,另外还装有多功能屏幕显示器和先进的通信系统。由于螺旋桨应用了新式复合材料,直升机的使用寿命也大为增加。

小 知 识

伊朗国防部长瓦希迪对"风暴"武装直升机十分满意,他说:"这是(伊朗)在武器国产化方面取得的巨大进步,也为民族国防航空工业争得了极大荣誉。"

印度"楼陀罗"武装直升机

"楼陀罗"(Rudra)武装直升机是印度斯坦航空公司(HAL)引进欧洲直升机技术后,在本国"北极星"轻型多用途直升机基础上发展而来的,是印度本国生产的第一种武装直升机。2013年2月8日,第一批"楼陀罗"武装直升机正式交付印度陆军。

"楼陀罗"武装直升机采用了装甲防护和流行的隐身技术,起落架和机体下部都经过了强化设计,可在直升机坠落时最大限度地保证飞行员的安全,适合在自然条件恶劣的高原地区执行任务。"楼陀罗"武装直升机还装备了电子战系统,配备日夜工作的摄像头、热传感器和激光指示器。"楼陀罗"武装直升机还配备了新型的机载武器控制系统以及导弹、雷达、激光跟踪报警系统,并装有前视红外设备和飞行自动控制系统。其目标指示系统中整合了光电瞄准仪。

制造商:	斯坦航空公司
生产数量:	27架
首次服役时间:	2012年
主要使用者:	印度陆军、印度空军

基本参数

机身长度	15.87米
机身高度	4.98米
翼展	13.2米
最大起飞重量	5500千克
最大速度	290千米/小时
最大航程	827千米

小知识

印度陆军副参谋长纳伦德拉·辛格称"楼陀罗"武装直升机技战术性能非常先进,能够应对未来的任何地面挑战。

印度LCH武装直升机

LCH(Light Combat Helicopter)直升机是由印度斯坦航空公司(HAL)研制的轻型武装直升机,于2010年5月23日按进度完成了首次正式飞行。

LCH武装直升机采用纵列阶梯式布局,机体结构上采用较大比例的复合材料。该机的武器包括20毫米M621型机炮、"九头蛇"70毫米机载火箭发射器、"西北风"空对空导弹、高爆炸弹、反辐射导弹和反坦克导弹等。多种武器装备拓展了LCH武装直升机的作战任务,除传统反坦克和火力压制任务外,LCH武装直升机还能攻击敌方的无人机和直升机,并且适于执行掩护特种部队机降,能够在复杂气候和天气条件使用现代化武器执行作战任务。其动力装置为透博梅卡阿蒂丹1H发动机,最大应急功率达到1000千瓦。

制造商:	斯坦航空公司
生产数量:	4架
首次服役时间:	未服役
单位造价:	印度陆军、印度空军

基本参数

机身长度	15.8米
机身高度	4.7米
翼展	13.3米
最大起飞重量	5800千克
最大速度	330千米/小时
最大航程	700千米

小知识

印度之所以大力研发LCH武装直升机,一方面是为了提升本国的武装直升机研制水平;另一方面来自巴卡吉尔战争中缺乏高海拔地区作战直升机的深刻教训。

南非CSH-2"石茶隼"武装直升机

CSH-2"石茶隼"（Rooivalk）直升机是由南非阿特拉斯公司研制的武装直升机，1984年开始研制，1990年2月首次试飞，1995年投入使用。该机的大多数指标与AH-64、米-28、"虎"式等先进武装直升机相当，其主要用户为南非空军。

"石茶隼"武装直升机的座舱和武器系统布局与美国AH-64"阿帕奇"武装直升机很相似，机组为飞行员、射击员两人。纵列阶梯式驾驶舱使机身细长。后三点跪式起落架使直升机能在斜坡上着陆，增强了耐坠毁能力。两台涡轮轴发动机安装在机身肩部，可提高抗弹性。采用了两侧短翼来携带外挂的火箭弹、导弹等武器。前视红外、激光测距等探测设备位于机头下方的转塔内，前机身下安装有外露的机炮。

制造商	阿特拉斯公司
生产数量	12架
首次服役时间	1995年
主要使用者	南非空军

基本参数

机身长度	18.73米
机身高度	5.19米
翼展	15.58米
最大起飞重量	8750千克
最大速度	309千米/小时
最大航程	1200千米

小知识

1995年，CSH-2武装直升机训练型正式投入使用，但由于南非经济不景气，缺乏采购经费，因此只能少量采购。

土耳其T129武装直升机

T129武装直升机是意大利阿古斯塔·韦斯特兰公司按照土耳其军方要求，在A129"猫鼬"武装直升机的基础上进行改进得出的机型。2009年9月，T129武装直升机完成首飞。2012年10月，土耳其第一批T129A武装直升机开始进行交付部队前的试验。

T129武装直升机的机体构造与A129"猫鼬"武装直升机基本相同，T129武装直升机的主要改进是换装了使航程和飞行高度得到增加的新型发动机、阿塞尔桑公司的机载计算机、经改进的航空电子设备和全套传感器，以及国内外生产的射程得到提高的导弹系统。该直升机除了具有A129武装直升机的特点外，还包括传感器和发动机，以提高抗高温能力，这对适应土耳其的环境至关重要，但同时也是巴基斯坦选择的类型。

制造商	阿古斯塔·韦斯特兰公司、土耳其航空航天工业公司（TAI）
生产数量	59架
首次服役时间	2014年
主要使用者	土耳其陆军、土耳其空军

基本参数

机身长度	12.28米
机身高度	3.35米
翼展	11.9米
最大起飞重量	4600千克
最大速度	278千米/小时
最大航程	1200千米

小知识

2018年，在巴基斯坦首都伊斯兰堡，巴基斯坦和土耳其签署了一项协议，购买30架土耳其航空航天工业公司（TAI）生产的T129武装直升机。

日本OH-1"忍者"武装侦察直升机

| 制造商：川崎重工业公司 |
| 生产数量：38架 |
| 首次服役时间：2000年 |
| 主要使用者：日本陆上自卫队 |

基本参数	
机身长度	12米
机身高度	3.8米
翼展	11.6米
最大起飞重量	4000千克
最大速度	278千米/小时
最大航程	550千米

　　OH-1"忍者"（OH-1 Kawasaki）是日本川崎重工业公司为日本陆上自卫队设计制造的轻型军用双发、四旋翼观测/武装侦察直升机。

　　作为日本航空工业自行研制的一种专用武装侦察直升机，OH-1"忍者"的设计颇具特色，虽然名为武装侦察直升机，但实际上是按照专用武装直升机设计制造的。该机机体采用标准纵列双座布局，驾驶舱后方顶部安装有包括热成像仪、电视/激光测距仪在内的侦察观瞄转塔，满足全天候侦察、指挥联络等任务。狭窄的机身两侧设有一对短翼，可以携带2套双联装空对空导弹和2具副油箱，用于自卫空战。由于OH-1"忍者"武装侦察直升机不承担攻击任务，所以该机并未加装固定武器，挂架上也不能携带反坦克导弹或火箭弹，仅在短翼外侧可挂载4枚近距空对空导弹，使得该机成为世界上唯一一种以空对空导弹为主要武器的武装侦察直升机。

小知识

　　OH-1武装侦察直升机代表着20世纪90年代至21世纪初期日本航空工业整体实力的提升，在日本航空史上的意义甚大。

无人机

第 6 章

无人机在军事应用上与其他军用战机相比相对较晚,但近年来无人机的快速却发展令人瞩目。随着无人机应用的不断扩展,世界各国高度重视无人机的发展,并根据本国的战略需求,把发展作战无人机作为重要的战术选项。

美国MQ-1 "捕食者" 无人机

制造商：通用公司
生产数量：360架
首次服役时间：1995年
主要使用者：美国空军

基本参数	
机身长度	8.22米
机身高度	2.1米
翼展	14.8米
最大起飞重量	1020千克
最大速度	217千米/小时
最大航程	3704千米

MQ-1 "捕食者"（Predator）无人机是美国通用公司研制的无人攻击机，1994年7月首次试飞，1995年7月开始批量生产并进入美国空军服役。

MQ-1无人机的设计采用低置直翼、倒V形垂尾、收放式起落架和推进式螺旋桨。传感器炮塔位于机头下面，上部机身前方呈球茎状。MQ-1无人机可在粗略准备的地面上起飞升空，起降距离约670米，起飞过程由遥控飞行员进行视距内控制，可以在目标上空停留24小时，对目标进行充分的监视，最大续航时间高达60小时。在回收方面，MQ-1无人机可以采用软式着陆和降落伞紧急回收两种方式。该机的侦察设备在4000米高处的分辨率为0.3米，对目标定位精度达到极为精确的0.25米。目前，MQ-1无人机还正在计划增加防冰系统，系统采用乙二醇进行除冰，但是要付出载重减小的代价。此外还要解决整体油箱机翼与"地狱火"导弹兼容的问题。

小知识

MQ-1无人机从1995年服役以来，参加过阿富汗、波斯尼亚、塞尔维亚、伊拉克、也门和利比亚的战斗。

美国MQ-9"收割者"无人机

基本参数	
机身长度	11米
机身高度	3.8米
翼展	20米
最大起飞重量	4760千克
最大速度	482千米/小时
使用范围	5926千米

制造商：通用公司

生产数量：104架

首次服役时间：2007年

主要使用者：美国空军

MQ-9"收割者"（Reaper）无人机是美国通用公司研发的长程作战无人机，是由MQ-1"捕食者"无人机改进而成的进阶机种。比起前者，MQ-9无人机尺寸更大、载重更重，具有长滞空时程、高海拔监视的能力，原本是开发作为侦察用途，但转用于主动攻击目标。MQ-9无人机是第一款专门设计作为攻击用途的无人机。

MQ-9无人机被设计成主要为地面部队提供近距空中支援的攻击型无人机，此外还可以在危险地区执行持久监视和侦察任务。该机装备有先进的红外设备、电子光学设备以及微光电视和合成孔径雷达，拥有不俗的对地攻击能力，并拥有卓越的续航能力，可在战区上空停留数小时之久。MQ-9无人机还可以为空中作战中心和地面部队收集战区情报，对战场进行监控，并根据实际情况开火。

小 知 识

美国国家航空航天局（NASA）将MQ-9无人机用于科学研究用途，而美国海关及边境保卫局（CBP）则采购了多架MQ-9无人机用于边境巡逻用途，美国中央情报局也采购MQ-9无人机用于对敌人的侦察与监控用途。

美国"复仇者"无人机

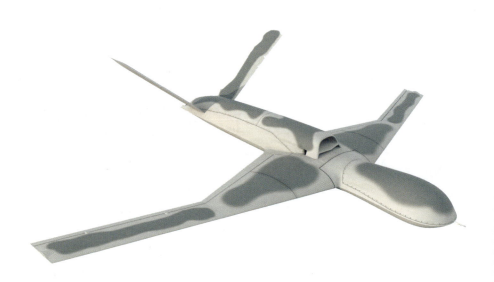

制造商：通用公司

生产数量：9架

首次服役时间：2011年

主要使用者：美国空军

基本参数	
机身长度	13.2米
翼展	20.1米
最大起飞重量	9000千克
最大速度	740千米/小时
续航时间	20小时
最大升限	18288米

　　"复仇者"（Avenger）无人机是美国通用公司研制的隐身无人战斗机。该机是在MQ-9无人机的基础上研制而成的，最初研制代号为"捕食者"C（Predator C），原型机于2009年4月首次试飞。

　　"复仇者"无人机体积庞大，动力装置为推力17.75千牛的普惠加拿大PW545B喷气发动机，该发动机可让"复仇者"无人机的飞行速度达到"捕食者"无人机的3倍以上。"复仇者"无人机有一个长达3米的内置武器舱，可携带227千克级炸弹，包括GBU-38型制导炸弹制导组件和激光制导组件。另外还可以将武器舱拆掉，安装一个半埋式广域监视吊舱。在执行非隐身任务时，可在机身和机翼下挂装武器和其他任务载荷（包括附加油箱），总挂载能力为2900千克。

小知识

　　俄罗斯曾指责"复仇者"无人机具备潜在的核攻击能力，是违反《削减进攻性战略武器条约》的新型武器。

美国X-47A"飞马"无人战斗机

X-47"飞马"（Pegasus）无人机是美国诺斯洛普·格鲁曼公司研制的试验型无人战斗机，原本是美国国防高等研究计划署（DARPA）旗下的"联合无人空中战斗系统"（J-UCAS）项目的一部分，但之后转变成美国海军的无人空中战斗系统示范计划（UCAS-D）的一部分，旨在开发一种可在航空母舰上起降的海基无人飞行器。2003年2月23日，首架代号为X-47A的初期版本首次试飞。

X-47A无人机的外形比较奇特，采用了一种具有低可探测性的后掠角很大的飞翼设计方案，乍看和美国空军的B-2"幽灵"轰炸机有一定相似之处。该机装有1台普惠JT15D-5C涡扇发动机，最大推力为14.2千牛，发动机进气口位于机身上方前部。

制造商：	诺斯洛普·格鲁曼公司
生产数量：	未知
首次服役时间：	未服役
主要使用者：	美国空军

基本参数

机身长度	8.5米
机身高度	1.86米
翼展	8.47米
最大起飞重量	2678千克
最大速度	1103千米/小时
最大航程	2778千米

小知识

X-47A"飞马"无人机没有安装着陆尾钩，也没有航空母舰甲板上停放必需的系留挂钩，维修舱盖缺乏专门设计的固定搭扣，甲板上的风一大，就吹得乒乓乱响。2006年2月，X-47A"飞马"无人机试验计划中止。

美国X-47B"咸狗"无人战斗机

X-47B"咸狗"（Salty Dog）无人机是诺斯洛普·格鲁曼公司研制的试验型无人战斗机。

2011年2月4日，X-47B无人机在爱德华兹空军基地完成首次试飞测试。2013年5月14日，X-47B无人机在"布什"号航空母舰上成功进行起飞测试。同年7月10日，X-47B无人机完成着舰测试。2016年5月初，美国国防部公布了2017年度预算案，"舰载监视与攻击无人机"（UCLASS）项目被调整为"舰载无人空中加油系统"（CBARS）项目，这意味作为空中作战平台的X-47B无人机项目将被终止，取而代之的是带有X-47B血统的舰载无人加油机。X-47B无人机能勉强执行远程情报、监视和侦察任务，但实在无法应付长程对地攻击任务。

制造商：	诺斯洛普·格鲁曼公司
生产数量：	2架
首次服役时间：	未服役
主要使用者：	美国海军

基本参数

机身长度	11.63米
机身高度	3.1米
翼展	18.96米
最大起飞重量	20215千克
最大速度	1103千米/小时
最大航程	3889千米

小知识

2015年4月16日，X-47B无人机与KC-707空中加油机成功完成空中加油测试，也提升了无人飞机的航程。

美国"弹簧刀"无人侦察攻击机

"弹簧刀"（Switchblade）无人侦察攻击机是由美国航宇环境公司研制的小型无人机，于2009年完成研制工作。该机既可实施侦察监视，又可以用较小的威力对单人目标执行精确杀伤，从而避免现有无人机发射大威力导弹容易殃及无辜的缺憾。

"弹簧刀"无人侦察攻击机体积较小，重量较轻，能装入步兵背包。该机可由小型弹射器发射，然后依靠电池动力飞行，借助机体内安装的监视设备，可对地面移动目标实施跟踪监控。"弹簧刀"无人侦察攻击机还装有一枚小型炸弹，一旦操作者认为目标值得攻击，就可锁定目标。此时，"弹簧刀"无人侦察攻击机就会收起机翼，变身为一枚小型巡航导弹，直接撞向目标引爆炸弹，与目标同归于尽。

制造商：美国航宇环境公司
生产数量：未知
首次服役时间：未知
主要使用者：美国空军

基本参数

实用升限	4572米
最大速度	157千米/小时
最大航程	10千米

小知识

美国陆军无人机系统项目助理蒂姆·奥因斯干脆就将"弹簧刀"无人侦察攻击机称为"自杀式无人机"。

以色列"哈比"无人机

"哈比"（Harpy）无人机是以色列航空工业公司研制的主要用于反雷达的无人攻击机，1997年在法国巴黎航展上首次公开露面。

"哈比"无人机有航程远、续航时间长、机动灵活、反雷达频段宽、智能程度高、生存能力强和可以全天候使用等特点。它采用三角形机翼，活塞推动，火箭加力。机上配有计算机系统、红外制导弹头和全球定位系统等，并用软件对打击目标进行排序。它可以从卡车上发射，并沿着预先设定的轨道飞向目标所在地，然后发动攻击并返回基地。如果发现了陌生的雷达，"哈比"无人机会撞向目标，与之同归于尽，其搭载的32千克高爆炸药可有效地摧毁雷达。

制造商：以色列航空工业公司
生产数量：未知
首次服役时间：1994年
主要使用者：以色列空军

基本参数

机身长度	2.7米
机身高度	0.36米
翼展	2.1米
空重	135千克
最大速度	185千米/小时
最大航程	500千米

小知识

"哈比"无人机配备有反雷达感应器和一枚炸弹，接收到敌人雷达探测时，可以自主对雷达进行攻击，因此被称为"空中女妖"和"雷达杀手"。

以色列"哈洛普"无人攻击机

"哈洛普"（Harop）是以色列航空工业公司研制的无人攻击机，主要用于攻击敌方雷达。

"哈洛普"无人攻击机是在以色列航空工业公司生产的"哈比"无人机基础上发展而来的，能从地面车辆、水面舰艇等多种作战平台发射。2005年，以色列航空工业公司在巴黎航展上正式推出"哈洛普"无人攻击机，并迅速从土耳其得到首份订单。

"哈洛普"无人攻击机系统由两大部分组成：一是用于攻击的无人机；二是用于运输和遥控的发射平台。它集无人侦察机、制导武器和机器人技术为一体，是一种能通过接收和分析电磁波，发现敌方雷达站或通信中心，并将其摧毁的武器系统。在实际作战中，"哈洛普"无人攻击机如果未能捕获目标，将在空中自毁，可以避免产生不必要的间接损伤。

制造商：	以色列航空工业公司
生产数量：	未知
首次服役时间：	2005年
主要使用者：	以色列空军

基本参数

机身长度	2.7米
机身高度	0.36米
空重	135千克
最大速度	185千米/小时
最大航程	500千米

小 知 识

2015年6月7日，以色列航空工业公司宣布，已经成功为一位潜在用户测试了"哈洛普"无人攻击机。

以色列"赫尔姆斯"900战略无人机

"赫尔姆斯"900（Hermes 900）是以色列埃尔比特公司研制的战略无人机，2012年开始服役。

2007年巴黎国际航展上，埃尔比特公司公布了"赫尔姆斯"900战略无人机的开发项目，当时称将于2008年年底进行试飞。不过，由于多方面的原因，"赫尔姆斯"900战略无人机最终在2009年12月14日才进行首次试飞，比原计划足足晚了一年时间。

与"赫尔姆斯"系列的其他型号相比，"赫尔姆斯"900战略无人机拥有一套更为高级的自动起降系统，使飞行器可在相对粗糙的跑道上起降，而且飞行器的升限更高，负载也采用模块化配置，易于更换。此外，"赫尔姆斯"900战略无人机还能在恶劣天气条件下使用，这意味着它的飞行控制系统能适应各种复杂的飞行环境。

制造商：	以色列埃尔比特公司
生产数量：	未知
首次服役时间：	2014年
主要使用者：	以色列空军

基本参数

机身长度	8.3米
翼展	15米
总重量	1100千克
最大速度	220千米/小时
实用升限	9144米

小 知 识

"赫尔姆斯"900战略无人机的首次作战任务于2014年7月15日进行，这是一系列作战行动中的第一个环节，最终导致战斗轰炸机进行空袭，摧毁了一些恐怖主义基础设施。

以色列"航空星"战术无人机

"航空星"(Aerostar)是以色列航空防御系统公司研制的战术无人机。

2003年巴黎国际航展上,航空防御系统公司展出了其研发的"航空星"战术无人机。2009年中期,航空防御系统公司宣称各国装备的"航空星"战术无人机累计已完成5万飞行小时,"其所表现出的可靠性和性能在无人飞行器工业界无出其右"。

航空防御系统公司称"航空星"战术无人机飞行控制系统的平均故障时间达到3万小时。此外,它的负载/重量比、性能/平台尺寸比在同类飞行器中也极为出众。目前,以色列军方装备的"航空星"战术无人机广泛用于反走私、反恐巡逻和监视等用途。

制造商:以色列航空防御系统公司
生产数量:未知
首次服役时间:未知
主要使用者:以色列空军

基本参数

机身长度	4.5米
翼展	7.5米
空重	220千克
最大速度	200千米/小时
实用升限	5500米

小知识

2010年2月,波兰政府宣布采购8架"航空星"战术无人机,其中4架很快随波军一道部署于阿富汗。

英国"雷神"无人战斗机

"雷神"(Taranis)是英国宇航公司研制的无人战斗机。2010年7月12日,"雷神"无人战斗机进行了公开展示。2013年8月10日,首次试飞成功。

"雷神"无人战斗机采用了大后掠前缘的翼身融合体布局,机身和机翼的后缘分别对应平行于前缘,可以有效地提供升力,实现更大的续航能力,从而确保具有跨大洲攻击的威力。所采取的无尾翼设计,有助于降低飞行阻力,并可省去相关结构的材料而降低机体重量,从而在有限油量下增加飞机的滞空时间,使"雷神"无人战斗机具备长程打击的能力。该机大量应用了低可侦测性复合材料,且制造精度非常高。发动机进气道的后部管道采用了先进的纤维铺设技术,可有效躲避雷达的探测。

制造商:英国宇航公司
生产数量:1架
首次服役时间:未知
主要使用者:英国空军

基本参数

机身长度	12.43米
机身高度	4米
翼展	10米
最大起飞重量	8000千克
最大速度	1235千米/小时

小知识

"雷神"无人战斗机研发团队由共250家公司、英国国防部军事人员及科学家所组成。

法国"神经元"无人战斗机

制造商：达索航空公司
生产数量：1架
首次服役时间：未服役
主要使用者：法国空军

基本参数	
机身长度	9.5米
翼展	12.5米
空重	4900千克
最大速度	980千米/小时
实用升限	14000米

"神经元"（Neuron）无人战斗机是由法国达索航空公司主导的隐身无人战斗机项目，另有多个欧洲国家参与研发计划。

在外形设计和气动布局上，"神经元"无人战斗机借鉴了B-2A隐身轰炸机的设计，采用了无尾布局和翼身完美融合的外形设计，其W形尾部、直掠三角机翼以及锯齿状进气口遮板几乎就是B-2A隐身轰炸机的缩小版。该机采用全复合材料结构，雷达辐射能量少。此外，由于该无人机没有驾驶员座舱，体积和重量的减少使其在隐身方面具有有人机难以媲美的先天优势。"神经元"无人战斗机综合运用了自动容错、神经网络、人工智能等先进技术，具有自动捕获和自主识别目标的能力，也可由指挥机控制其飞行或作战。"神经元"无人战斗机解决了编队控制、信息融合、无人机之间的数据通信以及战术决策与火力协同等技术，实现了无人机的自主编队飞行，其智能化程度达到了较高水平。

小 知 识

2012年11月，"神经元"无人战斗机在法国伊斯特尔空军基地试飞成功，法国国防部称其开创了新一代战斗机的纪元。

法国"雀鹰"战术无人机

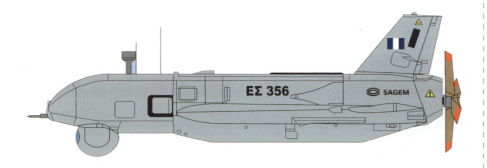

| 制造商：萨基姆公司 |
| 生产数量：130架 |
| 首次服役时间：1999年 |
| 主要使用者：法国陆军 |

基本参数	
机身长度	3.5米
机身高度	1.3米
空重	275千克
最大起飞重量	330千克
最大速度	240千米/小时
最大航程	180千米

"雀鹰"（Sperwer）是法国萨基姆公司研制的战术无人机，可执行战术监视、观察和瞄准任务。

"雀鹰"战术无人机是一种经过实战考验的无人机系统，有A型和B型两种型号。"雀鹰"A型能够自动弹射，并在没有事先做准备的地点通过降落伞降落。该无人机系统配有高效的光电昼/夜用传感器和一系列其他传感器，可进行全面的任务制定和监视，能够将目标图像发回地面指挥控制中心。

"雀鹰"B型为无人攻击机，机翼更大也更坚固，能够携带更多的有效载荷，而且续航力和航程也得到加强，武器为以色列研制的"长钉"远程多用途空对地导弹。

小知识

早在2006年，法国武器装备总署授予萨基姆公司一份合同，为法国陆军研制具有直接打击能力的新型无人机。后来，萨基姆公司决定将"雀鹰"A型改进成无人攻击机，并很快拿出了样机,这就是"雀鹰"B型。

德国/西班牙"梭鱼"无人战斗机

"梭鱼"（Barracuda）是欧洲宇航防务集团研制的无人战斗机。

"梭鱼"无人战斗机研发项目自2002年开始启动，早期研发经费主要来自欧洲宇航防务集团的自筹资金。2006年4月2日，"梭鱼"无人战斗机首次试飞成功。

与欧洲其他无人机相比，"梭鱼"无人战斗机具有出色的气动布局和外形设计。该机采用V形尾翼，发动机进气道位于机背。"梭鱼"无人战斗机几乎所有的边缘和折角都沿一个方向设计，这样可以最大限度地降低机身的雷达反射，从而降低无人机被雷达发现的概率。"梭鱼"无人战斗机的这种气动外形先后在法国、瑞典、德国进行了多次风洞测试，结果显示其飞行性能完全能够满足设计需要。

制造商：欧洲宇航防务集团
生产数量：未知
首次服役时间：未服役
主要使用者：德国空军、西班牙空军

基本参数

机身长度	8.25米
翼展	7.22米
空重	2300千克
最大起飞重量	3250千克
最大速度	1041千米/小时
最大航程	200千米

小知识

2006年9月23日，"梭鱼"无人战斗机在一次正常试飞中坠毁，被欧洲宇航防务集团看成是"在占领世界无人机市场领先地位"上的重大损失。

意大利"天空"X无人攻击机

"天空"X（Sky X）是意大利阿莱尼亚航空公司研制的无人攻击机。2005年5月29日，"天空"X无人攻击机首次试飞成功。此后，阿莱尼亚航空公司带着"天空"X无人攻击机的技术和经验参加了法国主导的"神经元"无人机项目。

"天空"X无人攻击机有一个腹部模块化弹舱，用于放置弹药，其有效载荷为200千克。该机使用一台TR160-5/628型涡轮发动机，动力强劲，最大速度达到800千米/小时，巡航速度达到468千米/小时。根据阿莱尼亚航空公司公布的数据，"天空"X无人攻击机的最大过载超过5G，航程近200千米。从飞行性能看，"天空"X无人攻击机与美国"捕食者"无人机相比也极具优势。

制造商：阿莱尼亚航空公司
生产数量：1架
首次服役时间：未服役
主要使用者：意大利空军

基本参数

机身长度	7.8米
机身高度	1.86米
翼展	6米
最大起飞重量	1450千克
最大速度	800千米/小时
最大航程	200千米

小知识

阿莱尼亚航空公司带着"天空"X无人攻击机的技术和经验参与"神经元"无人机项目后，意大利国防部即向"神经元"无人机计划提供了6000万欧元的研制基金，保证研发计划能顺利实施。

参考文献

[1] 军情视点. 全球战机图鉴大全[M]. 北京：化学工业出版社，2016.

[2] 《深度军事》编委会. 王牌战机图鉴（白金版）[M]. 北京：清华大学出版社，2016.

[3] 《深度军事》编委会. 全球战机TOP精选 [M]. 北京：清华大学出版社，2017.

[4] 李大光. 世界著名战机 [M]. 西安：陕西人民出版社，2011.